职业教育测绘类专业"新形态一体化"系列教材

高程控制测量

主　编　唐建平

副主编　江新清

参　编　黄宇　朱易

主　审　秦永乐

机械工业出版社

本书为工作手册式教材，围绕高程控制测量的实施设计了 7 个工作任务，涵盖了水准仪的基本操作、水准仪的检校以及不同等级水准测量、三角高程测量的实施。每个工作任务根据内容的需要，均设计了若干个工作训练任务。每个工作训练都有明确的任务目标、知识目标、能力目标、素质目标、训练内容、训练器具、训练方法、训练指导及思考题。同时通过知识点清单补足实践所需的理论知识，并配套了操作视频。

本书可作为高职高专院校测绘类工程测量技术专业技能训练教材，也可以作为土建、土木工程类专业工程测量专业相关课程配套实训教材使用，还可供相关专业工程技术人员参考。

图书在版编目（CIP）数据

高程控制测量/唐建平主编. —北京：机械工业出版社，2022. 12
职业教育测绘类专业"新形态一体化"系列教材
ISBN 978-7-111-71884-0

Ⅰ.①高⋯　Ⅱ.①唐⋯　Ⅲ.①高程测量-控制测量-高等职业教育-教材
Ⅳ.①P224

中国版本图书馆 CIP 数据核字（2022）第 198142 号

机械工业出版社（北京市百万庄大街 22 号　邮政编码 100037）
策划编辑：沈百琦　高亚云　责任编辑：沈百琦　高凤春
责任校对：陈　越　刘雅娜　封面设计：陈　沛
责任印制：单爱军
北京虎彩文化传播有限公司印刷
2023 年 1 月第 1 版第 1 次印刷
184mm×260mm · 15 印张 · 259 千字
标准书号：ISBN 978-7-111-71884-0
定价：48.00 元

电话服务　　　　　　　　　　网络服务
客服电话：010-88361066　　　机 工 官 网：www.cmpbook.com
　　　　　010-88379833　　　机 工 官 博：weibo.com/cmp1952
　　　　　010-68326294　　　金 书 网：www.golden-book.com
封底无防伪标均为盗版　　机工教育服务网：www.cmpedu.com

前　言

本书是高职高专工程测量技术及相关专业的测绘工程技能训练教材，由一批长期从事工程测量技术专业课程教学和技能训练指导且有丰富经验的一线教师编写而成。

全书内容分为 7 个工作任务。工作任务 1：DS$_3$ 微倾式水准仪及双面水准尺的认识与操作；工作任务 2：普通水准路线测量；工作任务 3：四等水准路线测量；工作任务 4：精密水准仪和水准尺的认识与读数；工作任务 5：二等精密水准测量；工作任务 6：水准仪的检校；工作任务 7：高程导线测量。

本书在内容的组织与安排上有如下特点：

1. 基于"高程控制测量工作过程"教学理念设计训练内容。从高程控制测量技术设计到外业数据采集、平差计算、技术总结等过程都配有工作训练任务予以训练。

2. 工作训练内容系统、全面。单个工作训练具有一定的独立性，将其组合起来可以覆盖整个高程控制测量的工作过程。全书有 20 个工作训练任务，覆盖了整个高程控制测量工作过程。

3. 工作训练类型多样。工作训练类型有计算型、操作型、仪器检验型等多种类型。

4. 工作训练内容源于实际工作。所有的工作训练任务均从生产实际出发，严格执行国家标准。

5. 工作训练是以工作过程为导向。以工作训练内容为中心，从训练目标、训练内容、训练指导到技能训练与成绩评定等环节展开。在完成工作的过程中学习专业技能，工作训练任务结束后还安排了一些思考题，便于学生理论联系实践，更好地掌握高程控制测量的专业知识。每个工作任务后还提供了本工作任务的依据，便于学生在训练任务展开前进行自主学习。

6. 引入"双证制"的实训成绩评价体系。每个实训任务都有相应的考核要求和评分标准，并将实训效果进行量化，在考核评分标准中对训练过程进行记录，给出了可操作的量化考核标准。实训内容和考核标准与国家测量员职业技能鉴定全面接轨。构建职业资格证书"直通车"，实现高职高专技能型人才的培养目标。

7. 采用"新形态一体化"开发形式。为满足当前"三教"改革以及数字化教学需要，书中难点知识均配有微课视频，以二维码的形式镶嵌在书中相应位置，学生可随学随扫，非常方便快捷；同时，考虑到测量实训的实际需要，教材采用活页装订，测量所需表格、自主学习任务单以及职业技能考评表均可独立从书中摘取，方便实际使用，增强教材实用性。

本书由武汉电力职业技术学院唐建平担任主编，武汉电力职业技术学院江新清担任副主编，吉奥时空信息技术股份有限公司黄宇、朱易共同参与了本书的编写工作。全书由武汉电力职业技术学院秦永乐主审。

统稿过程中，编者得到了武汉电力职业技术学院成晓芳老师的大力支持，在此表示衷心的感谢。

限于编者水平，书中不足之处在所难免，恳请专家和读者提出宝贵意见，以便今后修订和完善。

编　者

本书微课视频清单

序号	名称	图形	序号	名称	图形
1	DS$_3$微倾式水准仪及双面水准尺读数		6	精密水准仪使用和在水准尺上的读数	
2	DS$_3$微倾式水准仪整平、瞄准、精平及双面读数的方法		7	一测站精密高差水准测量	
3	一站水准测量		8	二等水准路线施测（光学水准仪）	
4	附合（闭合）普通水准路线的施测		9	垂直角测量（中丝法、三丝法）及计算	
5	四等水准测量		10	普通高程导线测量	

目　录

高程控制测量概述

一、高程控制测量训练的目的和内容

高程控制测量的核心内容是研究如何在地球表面的一定范围内，通过建立高程控制网来精确测定控制点的高程位置。

高程控制测量既涉及具有深度的控制测量理论，又涉及进行控制测量工作的实际操作技能。为了掌握实际技能，在整个学习过程中，需要进行各项高程测量训练，以理论为基础，并提高基本的技术、技能。

1. 高程控制测量训练的目的

高程控制测量是理论性与实践性都很强的项目，训练是在学习高程控制理论的重要环节。高程控制测量训练的目的如下：

1）巩固课堂所学理论知识，加深对高程控制测量基本理论的理解，能够用相关理论指导作业，做到理论与实践相结合，提高分析和解决高程测量技术问题的能力。

2）进行野外作业的基本技能训练，提高实际操作能力，通过理论学习与技能训练，熟悉并掌握高程控制测量不同等级的要求、方法、实测程序，以及不同精度水准仪的操作技巧。

3）通过野外的数据采集，能够熟练掌握数据检查、处理、高程计算，加强综合训练。

4）加强"规范"意识，理解并掌握国家测量规范的相关条款及内容，并将其作为进行高程控制测量工作的技术依据。

5）通过完成高程控制测量单项训练项目，提高学生从事测绘工作的计划、组织和管理能力，加强团队意识和合作精神，培养良好的专业品质和职业道德。

2. 高程控制测量训练的内容

1）普通水准测量。普通水准测量主要有技术设计书编写、普通水准仪使用、具体任务实施等。

2）四等水准测量。四等水准测量主要有技术设计书编写、具体任务实施、数据处理等。

3）二等水准测量。二等水准测量主要有技术设计书编写、具体任务实施、数据处理等。

4）三角高程测量。三角高程测量主要有技术设计书编写、具体任务实施、数据处理等。

5）水准仪、水准尺的检校。水准仪、水准尺的检校主要有水准仪应满足的条件、水准尺应满足的条件，规范要求，水准仪、水准尺的检校项目等。

6）各等级水准测量的技术总结。

二、高程控制测量训练的一般要求

高程控制测量训练是为了掌握高程控制测量基本技能所进行的训练，对学生良好的职业素养的养成起着重要作用。在训练中，要严格执行现行的测量规范，遵守测绘行规，高度仿真实际控制测量工作过程，达到训练目的。

1. 训练前的准备工作

每次训练开始前，每名学生必须充分做好如下业务准备工作：

1）必须明确训练的目的、内容、要求。这些内容在各训练项目中已写明，所以每次训练前一定要充分预习各训练项目的训练指导。

2）认真学习相关理论，自行设计完成训练任务的技术方法。

3）在认真学习的基础上，拟定出训练实施步骤和细则。对训练的全过程应心中有数，做起来有条不紊。

2. 训练器材、场地的准备

训练器材的准备工作一般由测量实训室老师根据训练任务书事先进行准备。训练进行前，每组同学遵照实训室的规章制度办理领取手续后，携出室外，训练中的一些文具自备。

训练场地将根据训练要求，由指导教师事先进行准备，并通知同学。训练开始前，同学必须到指定地点集合。

3. 测量仪器的领借、归还和注意事项

（1）仪器的领借　学生进行高程控制测量训练，所用仪器设备应依学院有关规定到实训室领借，对领借仪器应做到如下项目的检查：

1）仪器箱检查：仪器箱盖是否完好、锁是否完好、背带是否完好等。

2）脚架检查：脚架和仪器是否匹配、脚架是否牢固、各部分是否完好。

3）仪器检查。这项检查涉及内容较多，检查大致如下：仪器有无旧的摔伤或破损，箱内附件是否齐全，制动、微动功能是否正常，照准部是否运转自如，光学测微器功能是否正常，目镜、调焦镜功能是否正常等。

4）附属设备检查：水准尺、尺垫是否正常等。

（2）仪器的归还

1）仪器用毕归还前，应将脚螺旋、微动螺旋置于适中的位置，将仪器上的灰尘擦拭干净。

2）将脚架上的泥土及灰尘擦拭干净。

3）如仪器在使用过程中出现异常现象，应主动向仪器管理人员说明。

4）将仪器箱打开，等待仪器管理人员检查。

（3）架设仪器注意事项

1）伸缩式脚架三条腿抽出后要把固定螺旋拧紧，不可用力过猛，否则会造成螺旋滑丝，防止因螺旋未拧紧使脚架自行收缩而摔坏仪器。

2）架设仪器时，三条腿分开的跨度应适中，过于并拢容易碰倒，过于分开容易滑落。

3）在脚架安放稳妥并将仪器放到架头上后，要立即旋紧仪器和脚架间的中心连接螺旋，防止因忘记拧上连接螺旋而摔坏仪器。

4）任何时候都不能将仪器箱、器具当凳子使用。

5）在长距离搬站时，要将仪器先装箱再搬站。

6）短距离搬站要用肩扛，使仪器位于正确的位置上（竖轴垂直）。

7）每次搬站不要遗漏工器具。

8）电子仪器要先关机，再搬站。

工作任务 1 ▶

DS₃ 微倾式水准仪及双面水准尺的认识与操作

工作训练 1.1

DS₃ 微倾式水准仪及双面水准尺读数

1.1.1 任务目标

1）完成水准仪安置操作，初步熟悉水准仪各部件的功能。

2）能够读出水准尺上的读数。

1.1.2 知识目标

1）能够说出 DS₃ 的含义及各个部件名称。

2）能够说出各个部件的功能。

1.1.3 能力目标

1）具有将水准仪与脚架相连接，并根据自身身高大致能够确定架设仪器的高的能力。

2）具有正确使用尺垫及立水准尺在尺垫上的能力。

3）初步会操作水准仪，会利用水准仪的望远镜瞄准水准尺并读数。

1.1.4 素质目标

1）培养团队协作、吃苦耐劳的精神。

2）培养自主学习的能力。

3）初步认识到测量工作需要协调、合作的重要性。

1.1.5 训练内容

1）认识水准仪、水准尺、尺垫的基本结构和基本操作。

2）训练结束后，上交本次自主学习任务单。

1.1.6 训练器具

DS₃ 水准仪及三脚架 1 套，水准尺，尺垫。

1.1.7 训练方法

配合教材和多媒体资源，完成自主学习、实践。

训练指导

1. 水准仪结构

水准仪主要由望远镜、托架、基座三部分组成。

1）望远镜由物镜、调焦镜、十字丝板和目镜等组成，在制动、微动螺旋的配合下，起着精确照准目标的作用。在望远镜旁有符合水准器，其作用是制造一条水平线。

2）托架由竖轴的轴、圆水准器、微倾螺旋、微动螺旋等组成。能够使望远镜在360°范围内任意旋转，并能够通过微倾螺旋使望远镜在很小的范围内上下微倾。

3）基座由制动、轴套、脚螺旋等组成，脚螺旋起着初平仪器的作用。三个部分有机结合，实现水准仪观测高差的目的。如图 1-1 所示仪器各部件的名称。

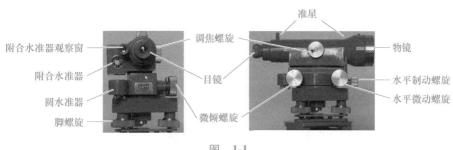

图　1-1

2. 脚架主要结构

脚架主要结构如图 1-2 所示。

3. 水准尺和尺垫

水准尺和尺垫如图 1-3、图 1-4 所示。

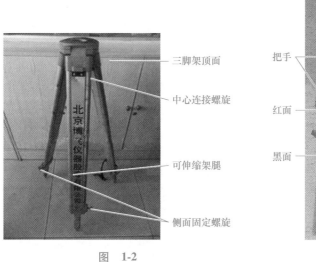

图　1-2　　　　　　　　　图　1-3

立尺点

图 1-4

**DS₃微倾式水准
仪及双面水准
尺读数**

1.1.9 思考题

在图 1-5 中观测者存在哪些问题？自己是否同样存在这些问题？如何改正？

图 1-5

工作训练 1.2

DS₃微倾式水准仪整平、瞄准、精平及双面读数

1.2.1 任务目标

1) 完成水准仪整平操作。
2) 完成瞄准水准尺操作。
3) 完成读数操作。

1.2.2 知识目标

1) 能够说出整平的目的。
2) 能够说出什么是视准轴、水准管轴、竖轴。
3) 能够说出仪器安置过程及读数方法。

1.2.3 能力目标

1) 具有整平水准仪、使视准轴精平的能力。
2) 具有利用水准仪在水准尺上读数的能力。
3) 具有利用水准仪瞄准目标最佳操作的能力。
4) 具有操作水准仪整个操作的能力。

1.2.4 素质目标

1) 培养团队协作、吃苦耐劳的精神。
2) 培养自主学习的能力。
3) 初步认识到测量工作需要协调、合作、组织的重要性。

1.2.5 训练内容

1) 仪器安置；水准仪粗略整平；水准尺瞄准；仪器精确整平；读数。
2) 仪器操作考核见附录 A，训练结束后，请上交本次自主学习任务单。

1.2.6 训练器具

水准仪 1 台、木质脚架 1 个、尺垫 1 对、记录纸 1 张。

1.2.7 训练方法

1) 配合教材和多媒体资源，完成自主学习、实践。
2) 多次重复操作达到规定时间要求。

1.2.8 训练指导

1）水准仪安置：根据观测者的身高，调节好三脚架架腿的长度，将三脚架架头大致水平并将水准仪安放在架头上，旋紧中心螺旋（连接螺旋）。

2）竖立标尺：要求竖直，稳定。标尺一般竖立在尺垫上。

3）概略整平是用脚螺旋使圆水准器的气泡居中，操作方法如图1-6所示。

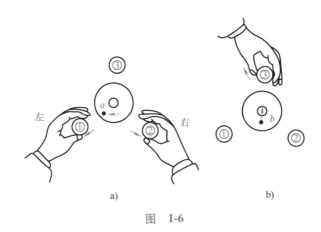

图　1-6

4）目镜调焦：目镜调焦的目的是能够看清楚十字丝，消除视差，便于观测。

5）粗略瞄准：松开水平制动螺旋，转动照准部，利用水准仪的准星对准后视标尺，水平制动螺旋固紧，这一过程简称粗瞄。

6）调焦：通过望远镜调焦螺旋使标尺成像在十字丝面上，应消除视差的影响。

7）精确瞄准：转动水平微动螺旋，使望远镜十字丝纵丝对准标尺的中央，这一过程简称精瞄。

8）对于微倾式水准仪而言，每次读取中丝读数前，都应缓慢地转动微倾螺旋，使符合水准器的两端气泡影像符合，此时视线便精确水平，如图1-7所示。

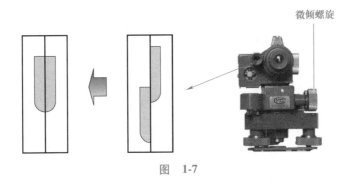

图　1-7

9）读数前，待符合水准器的气泡影像严格符合后，按中丝在水准尺上从小到大的顺序进行读数，先心中默估毫米，再依次读出米、分米、厘米及毫米，一般习惯是只报数字，例如图1-8中，十字丝中丝读数为0.739m，则只报0739，若读数为0.089m，则报0089，记录者要采取回报，以免记错，而且米、分米的"0"必须记录。

图　1-8

DS₃微倾式水准
仪整平、瞄准、
精平及双面
读数的方法

1.2.9　**思考题**

图 1-9 所示观测方式存在哪些问题？

图　1-9

工作训练 1.3

一测站高差水准测量

1.3.1 任务目标

1) 完成一测站高差水准测量。
2) 完成一测站高差水准测量的记录。

1.3.2 知识目标

1) 能够说出水准测量高差原理的描述。
2) 能够说出高差计算的方法。
3) 能够根据高差的正负，说出点的高低。

1.3.3 能力目标

1) 能完整地进行水准仪架设、粗平、瞄准、精平、读数操作。
2) 在实地会判断前后尺及关系。
3) 能读出前后尺的读数并计算高差。

1.3.4 素质目标

1) 培养团队协作、吃苦耐劳的精神。
2) 培养自主学习的能力。
3) 认识到测量工作需要协调、合作、组织的重要性。

1.3.5 训练内容

1) 以较快速度完成水准仪架设。
2) 测出一站两点的高差。
3) 计算两点的高差。
4) 根据高差大致判断实地高低情况。
5) 训练结束后，请上交合格的成果及自主学习任务单。

1.3.6 训练器具

水准仪及三脚架 1 套、水准尺、尺垫、记录纸、2H 或 3H 铅笔 1 支。

1.3.7 训练方法

先配合教材和多媒体资源，完成自主学习；再不断强化记录训练。

1.3.8 训练指导

1）水准仪安置：在适于架设仪器的位置架设水准仪。

2）竖立标尺：选定地面上两点，使各点到仪器的距离大致相等。距离的确定：使各点到仪器的步数相等（步距）。

3）确立前进方向，即确定前后立尺点。

4）粗平。

5）调节目镜，使十字丝清晰，消除视差。

6）瞄准后尺，读中丝读数；瞄准前尺，读中丝读数。

7）在观测过程中，每一个成员都要认真对待，采取通用的手势，使各项工作有序进行，整个操作流程及配合情况如图1-10所示。

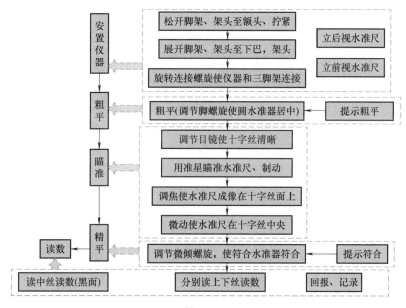

图　1-10

8）将观测数据填入表1-1中，并计算高差。

1.3.9 思考题

1. 中丝读数时，必须使气泡居中，才是水平视线的读数，如果气泡不居中，所读得的读数正确吗？

2. 测定高差时，是否要求后视点、前视点和仪器在同一条直线上？

一站水准测量

表 1-1 一站水准测量手簿

日期：_____ 观测者：_____ 记录者：_____

测站	后下丝 后下丝 后距	前下丝 前上丝 前距	方向	标尺读数	测站	后下丝 后下丝 后距	前下丝 前上丝 前距	方向	标尺读数
			后					后	
			前					前	
			后-前					后-前	
			后					后	
			前					前	
			后-前					后-前	
			后					后	
			前					前	
			后-前					后-前	

工作依据 1.4

水准测量相关知识

1.4.1 > 测量技术

测量技术是对地球局部区域的自然地理要素和人工设施的形状、大小、空间位置及其属性等进行测定、采集、表述，以及对获取的数据、信息成果进行处理和提供地形图的技术。从测量技术的概念说明中可知，测量技术有定位技术和定位信息两大核心特征。

1）定位技术特征：测量定位即测定地面点位置，是测量技术的科技体系核心。地面点定位是测量技术的第一核心技术任务。确定局部区域地球表面形态是测量技术的第二核心技术任务。

2）定位信息特征：测定地面点位置、确定地球局部区域表面形态，其结果主要以定位信息形式展示，如点的位置及其参数、地形图等。

1. 铅垂线

地球上的任一点，同时受到两个作用力，其一是地球自转产生的离心力；其二是地心引力，这两种力的合力称为重力，重力的作用线又称为铅垂线，如图 1-11 所示。

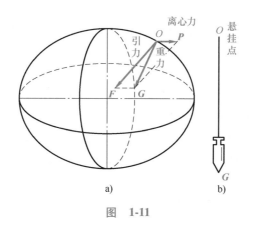

图　1-11

2. 大地水准面

由于受潮汐、风浪等影响，海水面是一个动态的曲面。它的高低时刻在变化，通常是在海边设立验潮站，进行长期观测，取海水的平均（平均海水面）高度作为高程零点。处于自由静止状态的水面称为水准面，水准面有无数个，其中与平均海水面一致且包围全球的水准面称为大地水准面。大地水准面是高程基准面，也是测量外业工作的基准面。

17

我国的绝对高程是以青岛港验潮站历年记录平均海水面高为准，在青岛市内一个山洞建立水准原点，其高程为 72.260m，也称为 85 国家高程基准。

3. 高程系统

地面点的绝对高程，即从地面点沿垂线到大地水准面的距离，用 H 加点名（下标）表示。如图 1-12 中 A、B 两点的高程表示为 H_A、H_B。

点到任意水准面的距离称为相对高程或假定高程，用 H' 表示。如图 1-12 中 A、B 两点的相对高程表示为 H'_A、H'_B。地面上两点间高程差称为高差，用 h 加起点和终点点名（下标）表示，如图 1-12 所示。

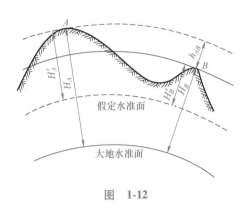

图　1-12

由图 1-12 可知 h_{AB} 为

$$h_{AB} = H_B - H_A = H'_B - H'_A$$

由此可知，两点的高差不受起算面的影响。

4. 高程定位元素

如图 1-12 所示，已知 A 点的高程 H_A，要确定 B 点的高程 H_B，可以测定 AB 之间的高差 h_{AB}，便可以确定 B 点的高程，即

$$H_B = H_A + h_{AB}$$

由此可见，高差测量是地面点定位测量的基本技术工作。

5. 地面点定位的工作原则

为了保证工程质量和测量质量，在实际测量过程中，应遵守以下原则：

（1）由高到低的等级原则　测量技术工作的等级原则有以下三种：

1）国家高程测量的技术等级，即一、二、三、四级。

2）工程测量的基本等级及扩展级，基本等级是二、三、四、五级，以此为基础的扩展级是一、二级；等级的制定主要是为了控制测量误差的积累，满足测绘工程建设的要求。

（2）由整体到局部原则　所谓整体，一是指测量对象是由一个个互相联系的个体构成的完整测量工程；二是指测定地面点位置的有关参数不是孤立的，而是从属于测绘工程整体对象的参数。整体原则如下：

1）从测绘工程的全局出发实施定位的技术过程。

2）定位技术过程得到的点位置必须在数学或物理的关系上按等级原则符合测绘工

程的整体要求。

（3）由控制到碎部原则　所谓控制，实际上是等级原则下为测绘工程自身建设提供的基准。以控制测量技术建立的基准是测绘工程建设的基础，是测绘工程中地面点定位的测量保证。

（4）责任到人，步步检核原则　地面点的定位元素测定工作是以"正确"为前提的。对测绘工作的每一个过程、每一项成果都必须检核。只有进行检核才能证明正确与否。检核贯穿整个定位过程。一个测量工作者的良好习惯包括：以高度的工作责任感完成测量的技术过程；严格观测和记载原始数据；严格检核测量成果，消除不符合要求的测量成果，保证测量成果绝对可靠、绝对准确，满足法规要求；投入应用的仪器设备必须严格检验。

6. 数的凑整规则

在观测与计算中，数的凑整规则是：四舍六进，五考虑，奇进偶不进。如 8.124m，保留两位小数，应取 8.12m，这个规则叫"四舍"；如 5.3456m，保留三位小数，应取 5.346m，这个规则叫"六进"；如 682629.5，保留整数，应取 682630，这个规则叫"奇进"，因为小数点前面的数为奇数；如 682630.5，保留整数应取 682630，这个规则叫"偶不进"，因为小数点前面的数为偶数。

1.4.2 水准测量原理、水准仪操作

1. 水准测量原理

水准测量的基本原理是根据仪器提供的水平视线观测立在两点上的标尺的读数，求出高差，然后根据已知点的高程，推求未知点的高程。如图 1-13 所示，在需要测定高差的 A、B 两点上分别竖立标尺（水准尺），在 A、B 两点的中点安置可提供水平视线的仪器（水准仪），水平视线在 A、B 两尺上截取的读数分别为 a、b，由图可知，A、B 两点的高差为

$$h_{AB} = a - b$$

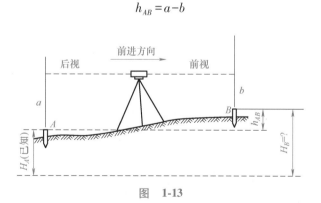

图　1-13

若水准测量是沿 $A \rightarrow B$ 方向前进，则 A 点称为后视点，其竖立的标尺称为后视标尺，读数值 a 称为后视读数；B 点称为前视点，其竖立的标尺称为前视标尺，读数 b 称为前视读数。水准仪及尺子所架设的位置称为测站。

显然，如果 A 点的高程 H_A 为已知，则 B 点的高程为

$$H_B = H_A + h_{AB}$$

2. 连续水准测量

在实际工作中，当 A、B 两点相距较远、两点高差较大或两点不通视，安置一次仪器不可能测得其间的高差时，必须在两点间分段安置仪器和竖立标尺，连续测定两标尺间的高差，最后取其代数和，求得 A、B 两点间的高差。这种测量方法称为连续水准测量，如图 1-14 所示。

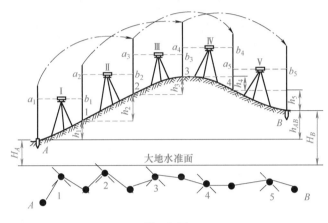

图　1-14

由图 1-14 可以看出每站的高差为

$$h_1 = a_1 - b_1$$
$$h_2 = a_2 - b_2$$
$$\vdots$$
$$h_n = a_n - b_n$$

将以上各段高差相加，则 A、B 两点间的高差 h_{AB} 为

$$h_{AB} = h_1 + h_2 + \cdots + h_n = \sum_1^n h$$

或

$$h_{AB} = (a_1 - b_1) + (a_2 - b_2) + \cdots + (a_n - b_n) = \sum_1^n a - \sum_1^n b$$

如果 A 点高程已知为 H_A，则 B 点的高程 H_B 为

$$H_B = H_A + h_{AB} = H_A + \sum_1^n h$$

在测量过程中，高程已知的水准点称为已知点，未知高程的点称为待定点。自身高程不需要测定，只是用于传递高程的立尺点称为转点，如 1、2、3 等；Ⅰ、Ⅱ、Ⅲ 等为测站，$A \rightarrow B$ 称为一个测段。

3. DS₃ 水准仪

（1）水准仪的结构　水准仪是水准测量的主要仪器。我国的水准仪系列产品有 DS₀₅、DS₁、DS₃、DS₁₀ 四个型号等级。其中字母 D、S 分别为"大地测量"和"水准测量"汉语拼音的第一个字母，字母下标数字以"mm"为单位，表示仪器每公里往返测高差中数的中误差，普通、四等水准测量主要用 DS₃ 水准仪。

水准仪主要由望远镜、托架、基座三部分组成，如图 1-15 所示。

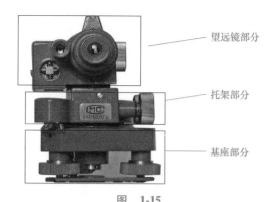

望远镜部分

托架部分

基座部分

图　1-15

1）望远镜。望远镜是水准仪看清目标和照准目标的重要部件，如图 1-16 所示。其基本构件有光学部分和机械部分。光学部分主要有物镜、调焦镜、十字丝板和目镜。机械部分主要包括镜筒、调焦手轮等。十字丝中心（或称十字丝交点）和物镜光心的连线，称为视准轴。十字丝分为上丝、下丝、中丝和竖丝。

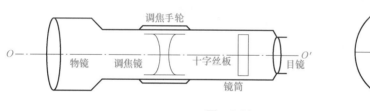

图　1-16

2）水准器。

① 圆水准器。圆水准器由玻璃圆柱管制成，顶面内径为磨成一定半径 R 的球面，中央刻有小圆圈，其圆心 O 为圆水准器的零点，过零点的法线为圆水准器轴，如图 1-17 中的 LL'。圆水准器的分划值一般为 $8'\sim10'$，由于圆水准器的分划值大于管水准器的分划值，因此它通常用于水准仪的粗略整平（简称粗平）。

② 管水准器。管水准器又称水准管，是由一个内壁研磨成圆弧的玻璃管制成的，如图 1-18 所示。水准管上一般刻有间隔为 2mm 的分划线，分划线的中点，称为水准管零点。水准管内充满酒精或乙醚，中间有一气泡。通过零

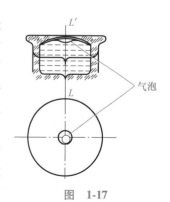

气泡

图　1-17

点作水准管圆弧的切线，称为水准管轴。水准管上每相邻分划（2mm）所对应的圆心角称为水准管分划值，DS₃ 水准仪的水准管分划值为 $30''$。分划值越小，则水准管越灵敏。

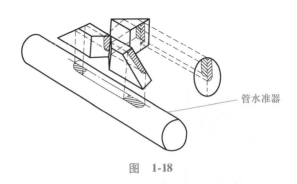

图　1-18

③ 符合水准器。符合水准器是调整水准仪观测视线处于水平状态的精密整平装置。如图 1-19 所示符合水准器，借助棱镜的反射作用，把气泡两端的影像反映在望远镜目镜旁的气泡观察窗内。当气泡两端的影像相互错开，表示气泡不居中，如图 1-19a 所示；当气泡两端的影像符合成一个圆弧时，表示气泡居中，如图 1-19b 所示。

3）基本轴系。照准部的望远镜视准轴、横轴、竖轴和管（圆）水准轴构成水准仪的基本轴系，如图 1-20 所示，图中 CC 为望远镜视准轴，LL 为管水准轴；$L'L'$ 为圆水准轴；VV 为竖轴；水准仪轴系结构关系必须满足：$CC \perp VV$；$L'L' \perp VV$；$CC \perp L'L'$。

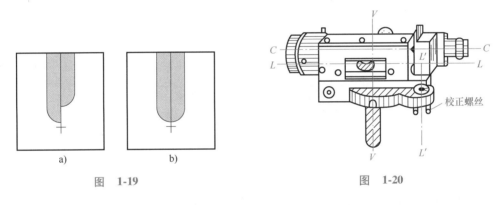

图　1-19

图　1-20

（2）水准尺　三、四等及图根水准测量的水准尺，一般是长度为 3m 的双面木质标尺。尺面分为两面即黑面和红面，黑面为黑白相间的分划，间距为 1cm；红面为红白相间的分划，间距为 1cm。尺面上每分米注有倒写（正写）的阿拉伯数字，由下往上逐渐增大。这是为了配合倒像（正像）水准仪的使用。其中与字头平齐的划线就是该分米的起算线。一个 **Ε** 表示 0~5cm，其上面的分划位为 6~10cm。标尺必须成对使用。为了防止观测时产生印象错误，每对双面尺的底部，黑面均从零起算，红面分别从 4687 或从 4787 起算，4687、4787 为一对水准尺。

（3）尺垫　在进行水准测量时，为了减少水准尺下沉，保证测量精度，每根水准尺都配有一个尺垫。使用时先将尺垫牢固地踩入地下，将尺垫上面的灰尘擦掉，再将标尺立在尺垫的半球形的顶部。

4. 一测站水准测量基本操作技术

（1）水准仪安置和竖立标尺

1）水准仪安置：首先根据观测者的身高，调节好三脚架架腿的长度，将水准仪安放在架头上，旋紧中心螺旋（连接螺旋）；然后，使一条腿放稳在地，用两手分别握住另外两腿，使架头大致水平，注意圆水准气泡不要偏离分划中心太远。

2）竖立标尺：要求竖直，稳定。标尺一般竖立在水准点上，或竖立在待定点上或转点位置的尺垫上。

（2）概略整平　概略整平是用脚螺旋使圆水准器的气泡居中，操作方法如图 1-6 所示，当气泡中心偏离零点，位于 a 处时（图 1-6a），用两手按相反方向转动①、②两个脚螺旋，这时气泡移动至 b 点处（图 1-6b），其移动方向和左手大拇指移动方向相同，再按图 1-6b 所示箭头方向转动脚螺旋③，使气泡居中。为了能够快速概略整平，在摆设三脚架时，两手要握住三脚架的两腿，眼睛要看架头是否大致水平，然后将三脚架的两腿落地，落地之后，也必须是架头水平。

瞄准目标、精确整平、读数和记录前文已讲，这里不再赘述。

工作自测 1.5

自主学习任务单

1.5.1 ⟩ DS₃ 微倾式水准仪及双面水准尺读数——自主学习任务单

一、学习任务

在学习 DS₃ 水准仪及双面水准尺读数之前，一定要先预习好教材中的内容，注意仪器安全，通过实训认识水准仪各个部件的名称及功能、注意事项。对照学习，大家一定会有较大的收获，定能初步掌握 DS₃ 水准仪的基本操作

任　　务	自评	自测标准	学习建议
演示架设		观看	认真观看老师对水准仪操作过程，仔细听老师对照仪器讲解仪器结构及各部件名称和功能
认识水准仪、工器具的各个部件及功能		1. 仪器架设	1. 通过训练指导及多媒体素材进行学习，实训室开放时间内多训练。熟能生巧 2. 完成水准仪的架设，并通过操作，对水准仪部件逐个认识、逐个体验其功能 3. 对照双面水准尺，认知其基本结构，并能在尺子上读数 4. 体验尺子立在尺垫的平面上和立在尺垫半圆球上的不同 5. 两人组合互相检测，直到知道所有部件的功能
		2. 脚架摆设，高度适中，架头大致水平	
		3. 在 DS₃ 水准仪上任选一个部件都能说出功能	
		4. 能知道 4787 尺、4687 尺，能准确读出水准尺上的读数	
		5. 能正确立水准尺及说出尺垫的功能	
完成时间			

二、学习笔记

1. 在训练过程中完成下述试验：在用水准仪望远镜瞄准目标时，采用如下方案，哪个最优？

方案 1：通过望远镜寻找到目标→制动→调焦→看清目标→调目镜使十字丝清楚→再调焦→看清目标，最后水平微动，使目标在十字丝中间位置上

方案 2：将望远镜对向空旷明亮位置，调清十字丝→通过望远镜准星寻找到目标→制动→调焦→看清目标→最后水平微动，使目标在十字丝中间位置上

2. 一般旅游用的望远镜和水准仪上的望远镜有何异同？

3. 你在实训过程中是否体会到测量的基本作风，即：规范操作、质量第一、吃苦耐劳、团结协作、遵守纪律。（要从这方面严格要求自己）

1.5.2 DS₃微倾式水准仪整平、瞄准、精平及双面读数——自主学习任务单

一、学习任务

在学习 DS₃水准仪整平、瞄准、精平、读数之前，一定要先预习好教材中的内容，注意仪器安全，通过训练达到熟练操作水准仪的目的。对照学习，大家一定会有较大的收获，定能提高操作水准仪的能力

任　　务	自评	自 测 标 准	学 习 建 议
演示操作		观看情况	认真观看老师对水准仪架设过程，仪器粗平、精平
观测读数		1. 粗平操作是否得当	1. 通过训练指导及多媒体素材进行学习，实训室开放时间内多训练。熟能生巧 2. 观察脚螺旋顺时针旋转，圆水准气泡运动情况 3. 观察旋转两个脚螺旋，一个顺时针，另一个逆时针，圆水准气泡运动情况 4. 观察微倾螺旋顺时针旋转，附合水准器运动情况 5. 两人组合互相检测，直到满足时间、速度要求 6. 观察水准尺标记，领会读数的方法 7. 两人组合互相检测，直到会整平、瞄准、读数
		2. 是否利用准星瞄准目标	
		3. 望远镜瞄准操作是否合理	
		4. 水准尺上的读数是否正确	
		5. 立尺点、立尺是否正确	
完成时间			

二、学习笔记

1. 不同的人利用水准仪在水准尺的读数有 1~2mm 不同，为什么会有这种情况？

2. 在 1.2.9 思考题中有一些违规现象，你认为如何处理？

3. 你在这次实训中有哪些收获？

1.5.3 一测站高差水准测量——自主学习任务单

一、学习任务

在学习一站高差水准测量之前，一定要先预习好教材中的内容，理解基本概念和基本知识，注意仪器安全，注意训练的纪律，通过学习观测流程，熟悉观测过程。相信大家通过自身的努力一定会完成任务，操作仪器的能力会更上一层楼

任　　务	自评	自测标准	学习建议
水准仪架设及仪器粗平		1. 水准仪架设、粗平	1. 通过训练指导及多媒体素材进行学习，实训室开放时间内多训练。熟能生巧 2. 请问老师操作技巧，用于自己的操作 3. 通过上下丝读数相减的差乘以 100，检查量步的准确性
		2. 立尺位置及立尺点到仪器步距测量	
观测读数		1. 路线前后判别	1. 实地体验前后关系 2. 立标尺的姿势 3. 小组规定、立尺、休息、扶直、测完的手势 4. 本组操作能力强的先操作，其他人观摩学习，找出自己的不足 5. 本组记录整洁、书写能力强的先记录，其他人观摩学习，找出自己的不足 6. 观测记录互相检测，直到完成一站高差水准测量
		2. 后尺距离读数	
		3. 后尺中丝读数	
		4. 前尺距离读数	
		5. 前尺中丝读数	
完成时间			

二、学习笔记

1. 从观测、协调、组织等方面讲述如何做好一站水准测量？

（续）

2. 如图所示，

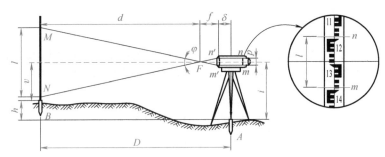

如果 $f+\delta \approx 0$，$\dfrac{f}{p}=100$，试求 D

3. 试验：方法 1，用微倾螺旋使上丝卡一整厘米数，然后从上丝开始数到下丝有多少整厘米数，再加上估读的毫米数，之和乘以 100，由此得到视距。方法 2，直接利用上下丝之差乘以 100，得到视距。两种方法进行比较，是否有差别？

4. 联系课堂教学和训练，你有哪些收获？

工作任务 2 ▶

普通水准路线测量

工作训练 2.1

普通水准测量的记录、计算和限差要求

2.1.1 任务目标

1）熟知普通水准测量的操作流程。

2）完成普通水准测量记录的高差计算。

3）完成 8 站普通水准测量记录并计算高差。

4）熟记普通水准测量的限差要求。

2.1.2 知识目标

1）能讲述普通水准测量的操作过程。

2）能讲述普通水准测量数据记录、计算过程。

3）知道普通水准测量限差要求。

2.1.3 能力目标

1）对于不同地形的普通水准测量，具有处理问题的能力。

2）具有初步应用普通水准测量限差的能力。

3）具有较好的数字书写能力。

2.1.4 素质目标

1）培养团队协作、吃苦耐劳的精神。

2）培养自主学习的能力。

3）充分认识到测量工作需要协调、合作、组织的重要性。

2.1.5 训练内容

1）普通水准测量施测流程的描述。

2）普通水准测量限差应用。

3）普通水准测量记录、计算。

4）训练结束后，请上交合格的成果及自主学习任务单。

2.1.6 训练器具

《工程测量标准》（GB 50026—2020）摘录、记录纸、2H 或 3H 铅笔。

2.1.7 训练方法

先配合教材和多媒体资源，完成自主学习。再不断强化记录训练。

2.1.8 训练指导

1. 测量记录要求

1）所有观测成果均用绘图铅笔（2H 或 3H）记入手簿内，不得用零星纸记录，再行转抄。

2）记录字体要端正清晰，按稍大于格高的一半进行填写。

3）记录要记全，不得省略零位。如水准尺读数 0123，"0" 必须填写。

4）观测者读出数字后，记录者应将所记数字复诵一遍，以防听错、记错。

5）记录者不能用橡皮擦拭数据，若记录有错，应另起一行记录。记录中不可连环涂改。

6）凡有改动的地方，在备注内写明原因，如听错、算错等。

7）作废的某站要从该站用直尺从左上角画至右下角，不能随意划。

8）凡属于字改字，不按记录要求记录的成果都属于不合格的成果，需重新观测。

9）进位原则按四舍六进，五考虑，奇进偶不进的取位规则进行计算。如 1233.5mm 和 1234.5mm 取值均为 1234mm。

2. 普通水准测量一站程序

普通水准测量一站程序：瞄准后视，读后尺视距，读后尺中丝读数（精平）；转向前视，读前尺视距，读前尺中丝读数（精平）。

3. 普通水准测量限差技术要求

普通水准测量限差技术要求见表 2-1。

表 2-1　普通水准测量限差技术要求（《工程测量标准》GB 50026—2020）

最大视距长度/m	前后视距差/m	前后视距差累计差/m	路线总长度/km	观测次数		闭合差限差	
				附合水准路线	支水准路线	平地	山地
150	20	≤100	≤30	往一次	往返各一次	$\pm 40\sqrt{L}$	$\pm 12\sqrt{n}$

表 2-1 中的 L 是以 km 为单位，最终计算出来的值是以 mm 为单位。

4. 完成表 2-2 练习（仿宋体）

5. 填写手簿

将每一站的普通水准测量观测数据填入观测手簿表 2-3 中，并进行计算。观测日期：2019 年 10 月 18 日，从 BM2 至 BM3，观测者：××，记录者：××，天气：晴，仪器 DS_3-564328。

第一站：87.2，1236，86.5，1435，后尺点 BM2。

第二站：56.0，1789，57.0，1567。

第三站：78.9，1786，80.7，1624。

第四站：87.0，2108，90.0，1438

第五站：56.2，1209，58.0，1672。

第六站：46.8，1023，48.0，1534，前尺点 BM3。

2.1.9 思考题

如果采用微倾螺旋使十字丝的上丝卡一整厘米数，再读下丝读数，视距是否可以直接求得？

表 2-2 仿宋体练习表

姓名	1	2	3	4	5	6	7	8	9	0	自我评价

表 2-3　普通水准测量手簿 1

仪器：_____　编号：_____　天气：_____　观测者：_____

测至：_____　_____年____月____日　记录者：_____

测站	后距	前距	方向	标尺读数	高差	高程	备注
	视距差 d	Σ					
			后				
			前				
			后				
			前				
			后				
			前				
			后				
			前				
			后				
			前				
			后				
			前				
	距离和			高差和			
检核计算							

工作训练 2.2

附合（闭合）普通水准路线的施测

2.2.1　任务目标

1）熟知观测场地。

2）选择一条附合（闭合）普通水准路线，中间选两个未知点，每两人在 1h 内观测一条水准路线。

3）根据给定的起算数据，计算未知点的高程。

2.2.2　知识目标

1）描述普通水准测量一站观测过程。

2）描述什么是附合（闭合）水准路线，知道普通水准测量限差要求。

3）描述普通水准测量记录方法及高差计算过程。

2.2.3　能力目标

1）具有进行普通水准测量实地踏勘、选点的能力。

2）具有进行普通水准施测、记录、记录整洁的能力。

3）具备施测的组织、协调的能力。

4）具有判断成果是否合格及限差的应用能力。

2.2.4　素质目标

1）培养团队协作、吃苦耐劳的精神。

2）培养自主学习的能力。

3）充分认识到测量工作需要协调、合作、组织的重要性。

2.2.5　训练内容

1）普通水准测量观测、记录以及限差应用；

2）记录普通水准观测数据，点之记（水准点点位）的绘制。

3）训练结束后，请上交合格的成果及自主学习任务单。

2.2.6　训练器具

DS_3 水准仪及三脚架 1 套、水准尺、尺垫、记录纸、铅笔、记录板。

2.2.7 > 训练方法

1）配合教材和多媒体资源，完成自主学习。

2）强化记录训练。

3）多次重复操作达到规定时间要求。

2.2.8 > 训练指导

1）在已知点和未知点上立水准尺时，不能将尺垫放在点上。

2）一站普通水准观测流程是：后视读视距（直接读），读取十字丝的中丝读数（要精确整平）→转向前视读视距（直接读），读取十字丝的中丝读数（要精确整平）。

直接读距离的方法：利用微倾螺旋使十字丝的上丝卡一整厘米数，然后直接数到十字丝的下丝整厘米数，如整厘米数为 13，估读为 2mm 时，则视距为 13.2m（132mm×100 = 13200mm = 13.2m）。

3）记录者一定要回报，然后按要求记在相应的栏内，再计算视距差、视距累计差、测站高差。当视距差、视距累计差满足限差时，说明该站合格，可以搬站。

4）观测下一站时，原前尺点位不动，即不能动尺垫。

5）观测后续测站，流程、要求同上。

6）观测数据记录在表 2-4 中。

附合（闭合）普通
水准路线的施测

2.2.9 > 思考题

如果其中一站没有精平，观测成果会合格吗？

表 2-4　普通水准测量手簿 2

仪器：_____　编号：_____　天气：_____　观测者：_____

测至：_____　_____年___月___日　记录者：_____

测站	后距 视距差 *d*	前距 Σ	方向	标尺读数	高差	高程	备注
	（1）	（3）	后	（2）	（7）		
	（5）	（6）	前	（4）			
			后				
			前				
			后				
			前				
			后				
			前				
			后				
			前				
			后				
			前				
			后				
			前				
			后				
			前				
			后				
			前				
			后				
			前				
			后				
			前				
			后				
			前				
			后				
			前				
			后				
			前				

（续）

测站	后距 视距差 d	前距 Σ	方向	标尺读数	高差	高程	备注
			后				
			前				
			后				
			前				
			后				
			前				
			后				
			前				
			后				
			前				
			后				
			前				
			后				
			前				
			后				
			前				
			后				
			前				
			后				
			前				
			后				
			前				
距离和			高差和				

工作依据 2.3

普通水准路线测量相关知识

2.3.1 原始数据记录原则、不合格的记录判断、需整改的记录

1. 原则

1）所有观测成果均用绘图铅笔（2H 或 3H）记入手簿内，不得用零星纸记录，再行转抄。

2）记录字体要端正清晰，按稍大于格高的一半进行填写。

3）记录要记全，不得省略零位。如水准尺读数 0123，"0" 必须记录。

4）观测者读出数字后，记录者应将所记数字复诵一遍，以防听错、记错。

5）记录者不能用橡皮擦拭数据，若记录有错，应另起一行记录。记录中不能连环涂改。

6）进位按四舍六进、五考虑、奇进偶不进的取位规则进行计算。

2. 不合格的记录判断

1）手簿被撕页（缺页），视为不合格记录，成果作废。

2）所需要的每站成果，原始读数中的毫米、厘米有涂改，成果作废。

3）前后中丝读数米、分米涂改，视为连环涂改，作为不合格记录，成果作废。

4）记录转抄，视为不合格记录，成果作废。

3. 需整改的记录

记录表头填写不全、备注不全需整改，并将记录表填写齐全。

2.3.2 普通水准路线测量流程

普通水准路线测量流程：收集资料及分析→实地选点→人员组织→普通水准测量→数据处理，成果汇编。

1. 收集资料及分析

在进行普通水准测量之前应收集已知点的高程、等级，点的位置，点所在的高程系统，并对这些资料进行分析、整理、归类。

2. 实地选点

根据工程需要，在实地确定普通水准点的位置，并使未知点和已知点构成一定的图形，主要图形有：

（1）附合水准路线　从一高级水准点出发，沿着各待定点进行水准测量，最后附合到另一高级水准点所形成的水准路线称为附合水准路线，如图 2-1a 所示。

（2）闭合水准路线　从一高级水准点出发，沿着各待定点进行水准测量，最后回到

该高级水准点所形成的环状路线称为闭合水准路线，或称为水准闭合环，如图 2-1b 所示。在工程实际中，应尽量少布设，因为已知点是否有沉降无法检核。

点位确定后，在实地将标志埋设（打入）地表内，普通水准测量的点一般不是永久性点。

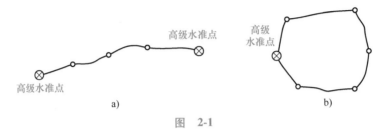

图　2-1

3. 人员组织

人员组织：人数 5 人或 6 人。根据普通水准测量过程，由于测量不复杂，整个普通水准测量、质量检查、后勤保障等都由这 5 人或 6 人完成。

2.3.3 普通水准测量视距直接读取原理

1）当视线水平时，如图 2-2 所示，根据相似三角形得（当视线水平时）：$D=\dfrac{f}{p}l+f+d$，

在仪器设计时，使 $K=\dfrac{f}{p}=100$，$f+\delta=0$，所以，$D=Kl$。

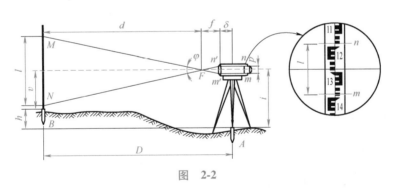

图　2-2

2）视线倾斜时计算水平距离模型，如图 2-3 所示。为求得计算水平距离的模型，可以先将视距尺（或水准尺）以中丝读数点为转点旋转 α 角，这时的视线与视距尺（或水准尺）相互垂直，设视距尺垂直于地面立于 B 时，视距间隔 $ab=n$，假定视线与尺面垂直时的间隔 $a'b'=n'$，则可得斜距：$D=Kn'$

由于 φ 很小（约 34′），故将 $\angle bb'l$ 和 $\angle la'a$，近似看成直角，于是 $n'=n\cos\alpha$，则视距 D 为

$$D=Kn\cos^2\alpha$$

当视线倾斜时（但倾斜角度不大时），视距为 $D=Kl\cos^2\alpha$，如果 $\alpha=0°10'$，$Kl=100$，要求取位到 0.1dm，则经过计算 $D=100$m，因此对于视距而言，视线不水平，但角值不大的情况下，视距不变。

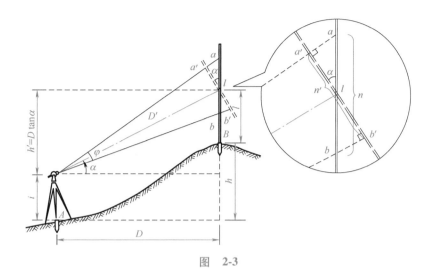

图　2-3

工作自测 2.4

自主学习任务单

2.4.1　普通水准测量的记录、计算和限差要求——自主学习任务单

一、学习任务

在学习普通水准测量的记录、计算和限差之前，一定要先预习好教材中的内容，注意训练要求，这些训练内容都可以在平时有时间的情况下进行，实际上就是将专业要求与书写相结合，大家一定会有较大的收获

任　　务	自评	自测标准	学习建议
数字书写		规范、整洁	平时多练习，熟能生巧
记录、计算		1. 记录	熟悉表格，每格填的内容，记录流程
		2. 计算	水准测量高差求法，计算模型，心算算法
限差		限差要求	限差要求的目的，限差的条款、应用

二、学习笔记

1. 如何加强自己的书写能力?

2. 联系课堂教学和训练，你有哪些收获?

2.4.2 附合（闭合）普通水准路线的施测——自主学习任务单

一、学习任务

在学习附合（闭合）普通水准路线的施测之前，一定要先预习好教材中的内容，注意仪器安全，通过训练普通水准路线的施测程序、观测方法、记录要求、限差应用、注意事项，对照学习，大家一定会有较大的收获

任　　务	自评	自测标准	学习建议
普通水测量观测		1. 水准仪安置	通过训练指导及多媒体素材进行学习，实训室开放时间内多训练。熟能生巧
		2. 水准尺的立点	步伐均匀，正常数步数，前后视距相等，立尺正确
		3. 瞄准读数	1. 平时多训练瞄准水准尺规范，读数 2. 记录者、观测者互学、互评
普通水准测量记录		1. 回报	责任明确
		2. 表格填写	多练习数字书写
		3. 数据计算	多练习心算与巧算
		4. 限差应用	将限差铭记在心，心中有数
协调、配合		各工作的协调、配合	协调、配合重要性

二、学习笔记

1. 从观测、协调、组织等方面讲述如何做好一站水准测量？

2. 联系课堂教学和训练，你有哪些收获？

工作任务 3 ▶

四等水准路线测量

工作训练 3.1

四等水准测量的记录、计算和限差要求

3.1.1 > 任务目标

1) 熟知四等水准测量的记录流程。

2) 完成四等水准测量记录、计算考核，见附录 B。

3) 熟记四等水准测量的限差要求。

3.1.2 > 知识目标

1) 讲述四等水准测量的记录过程。

2) 讲述记录、计算四等水准测量数据的过程。

3) 知道四等水准测量限差要求。

3.1.3 > 能力目标

1) 具有表述不同情况下四等水准测量记录处理的能力。

2) 具有初步应用四等水准测量限差的能力。

3) 具有较好的数字书写能力。

3.1.4 > 素质目标

1) 培养团队协作、吃苦耐劳的精神。

2) 培养自主学习的能力。

3) 充分认识到测量工作需要协调、合作、组织的重要性。

3.1.5 > 训练内容

1) 四等水准测量记录流程，限差应用，记录、计算。高差、高程的取位。听、记录数据。

2) 训练结束后，请上交合格的成果及自主学习任务单。

3.1.6 > 训练器具

《工程测量标准》（GB 50026—2020）摘录、记录纸、2H 或 3H 铅笔。

3.1.7 > 训练方法

先配合教材和多媒体资源，完成自主学习；再不断强化记录训练。

3.1.8 > 训练指导

1）限差要求，见表 3-1。

表 3-1　四等水准测量技术要求

等级	标准视线长度	前后视距差	视距差累计差	红黑面读数差	红黑面高差之差	路线闭合差
四等	100m	3.0m	10.0m	3.0mm	5.0mm	$\pm 20\sqrt{L}$

2）四等水准测量一站观测程序：在前后点上竖立水准尺（注意不管是已知点还是未知点均不能将尺垫放在上面）瞄准后视读后尺黑面下丝读数、上丝读数，精平后读中丝读数，然后读红面中丝读数（精平）；转向前视，读黑面下丝读数、上丝读数，精平后读中丝读数，然后读红面中丝读数（精平）。简述为：后-后-前-前。共 8 个原始数据。

3）读数记录顺序可简述为，后：下、上、中黑，中红；前：下、上、中黑，中红。

4）四等水准测量记录计算指导，表格填写顺序见表 3-2。

表 3-2　四等水准测量记录顺序

测站编号	后尺 下丝 上丝	前尺 下丝 上丝	方向及尺号	标尺读数 黑面	标尺读数 红面	K+黑减红	高差中数	备注
	后视	前视						
	视距差 d	∑d						
	（1）	（7）	后	（4）	（5）	（6）		
	（2）	（8）	前	（10）	（11）	（12）		
	（3）	（9）	后-前	（16）	（17）	（13）	（18）	
	（14）	（15）						

填表说明：（1）填后尺下丝读数，（2）填后尺上丝读数，（3）填后尺计算的视距，（4）填后尺中丝黑面读数，（5）填后尺红面读数，（6）填后尺中丝黑+K-红，（7）填前尺下丝读数，（8）填前尺上丝读数，（9）填后尺计算的视距，（10）填前尺中丝黑面读数，（11）填前尺红面读数，（12）填后尺中丝黑+K-红，（13）填红黑面高差之差值，（14）填后前视距差，（15）填视距差累计，如果是第一站，前面视距差为 0，（16）填黑面后前高差计算值，（17）填红面后前高差计算值，（18）填红黑面高差的平均值

计算说明	
视距计算	后视距离（3）=[（1）-（2）]×100，要求（3）≤100m，前视距离（9）=[（7）-（8）]×100，要求（9）≤100m，前后视距差（14）=（3）-（9），要求（14）≤3m，前后视距累计差（15）=本站（14）+前站（15），要求（15）≤10m
高差计算	后视黑红面中丝读数之差（6）=（4）+K-（5），要求（6）≤±3mm，前视黑红面中丝读数之差（12）=（10）+K-（11），要求（12）≤±3mm，两尺黑面中丝读数高差（16）=（4）-（10），两尺红面中丝读数高差（17）=（5）-（11），黑红面高差之差（13）=（16）-[（17）±100]=（6）-（12），要求（13）≤±5mm。当上述计算合格后，可进行高差中数计算，高差中数（18）=[（16）+（17）±100]/2

（续）

测站编号	后尺	下丝	前尺	下丝	方向及尺号	标尺读数		K+黑减红	高差中数	备注
		上丝		上丝		黑面	红面			
	后视		前视							
	视距差 d		∑d							
每页观测成果检核	每页应留出一个测站作为每页观测成果的检核计算 当每页测站为偶数时： ∑(18)=[∑(16)+∑(17)]/2=[∑(4)-∑(10)+∑(5)-∑(11)]/2 当每页测站为奇数时： ∑(18)=[∑(16)+∑(17)]/2=[∑(4)-∑(10)+∑(5)-∑(11)±100]/2									

5）将观测数据填入表 3-3 中，并完成表格各项计算。

第一站：2740，2080，2410，7200，0860，0195，0825，5215。后视起点 BM1。

第二站：1470，0850，1160，5850，1610，0985，1300，6085。

第三站：2900，2730，2815，7600，0320，0165，0240，4930。

第四站：2560，2370，2465，7155，0870，0680，0775，5565。前视点 BM3。

第五站：1790，1560，1675，6460，1495，1265，1375，6065。

6）完成表 3-4 各项计算、判断、处理。

3.1.9 思考题

简述四等水准测量记录与普通水准测量记录的异同。

表 3-3　四等水准测量观测记录

测站编号	后尺	下丝	前尺	下丝	方向及尺号	标尺读数		K+黑减红	高差中数	备注
		上丝		上丝		黑　面	红　面			
	后　视		前　视							
	视距差 d		∑d							
					后					
					前					
					后-前					
					后					
					前					
					后-前					
					后					
					前					
					后-前					
					后					
					前					
					后-前					
					后					
					前					
					后-前					
检核计算					后					
					前					
					后-前					

表 3-4　四等水准测量观测记录手簿

测站编号	后尺		前尺		方向及尺号	标尺读数		K+黑减红	高差中数	备注
	下丝		下丝							
	上丝		上丝							
	后视		前视			黑面	红面			
	视距差 d		∑d							
	1427		1556		后	1227	5912			
	1023		1150		前	1452	6141			
					后-前					
	1242		2250		后	1006	5694			
	0770		1780		前	2017	6800			
					后-前					
	1365		1940		后	1078	5862			
	0788		1373		前	1665	6355			
					后-前					
	0320		0870		后	0240	4930			
	0165		0680		前	0775	5565			
					后-前					
	1305		2222		后	1090	5773			
	0870		1792		前	2008	6795			
					后-前					
	1228		1622			1065	5854			
	0902		1322			1475	6162			
			已知前一站累计视距差之差 9.0m							

工作训练 3.2

四等附合（闭合）水准路线的施测

3.2.1　任务目标

1）熟知观测场地。

2）选择一条附合（闭合）水准路线，中间选两个未知点，每 4 人在 2h 内观测一条水准路线。

3）根据给定的起算数据，计算未知点的高程。

4）完成一测站四等水准测量考核，考核见附录 C。

3.2.2　知识目标

1）描述四等水准测量一站观测过程。

2）描述什么是附合（闭合）水准路线，知道四等水准测量限差要求。

3）描述四等水准测量记录方法及高差计算过程。

3.2.3　能力目标

1）具有进行四等水准测量实地踏勘、选点的能力。

2）具有进行四等水准施测、记录的能力。

3）具备施测的组织、协调的能力。

4）具有判断成果是否合格及限差的应用能力。

3.2.4　素质目标

1）培养团队协作、吃苦耐劳的精神。

2）培养自主学习的能力。

3）充分认识到测量工作需要协调、合作、组织的重要性。

3.2.5　训练内容

1）四等水准测量观测，数据的记录、计算，限差应用，点之记的绘制。

2）训练结束后，请上交合格的成果及自主学习任务单。

3.2.6　训练器具

DS₃ 水准仪及三脚架 1 套、水准尺、尺垫、记录纸、铅笔、记录板。

3.2.7　训练方法

先配合教材和多媒体资源，完成自主学习；再不断强化记录训练。

3.2.8 训练指导

1. 对观测员的指导

1）将仪器安置在适当位置处（前视立尺者用步子量出后视立尺点到仪器的距离，前视立尺者将尺立于和后视点到仪器距离大致相等的地方）；整平仪器。读出后尺黑面读数，按下、上、中读数。

特别提示：

① 记录者口头提示中丝读数时应使符合气泡符合，无论是黑面还是红面。

② 气泡不符合，只要读数没问题，红黑面读数能满足±3mm 的要求，但不是水平视线读数，整个路线不会合格，查找不合格的原因较为困难。

③ 后视尺转向红面，用中丝读出红面读数。

2）旋转照准部瞄准前视尺读数（下、上、中读数），前视尺转向红面，用中丝读出前视尺红面读数（注意中丝读数时应使符合气泡符合，无论是黑面还是红面）。

3）记录者应随时记录，并采取回报制度；若发现超限，应立即重测，若测到未知点或最后一站的距离超限，应搬动仪器。

4）每一测站测量成果合格后（合格就是所有需观测的数据观测完，所有记录、计算都完成且满足限差要求）即可搬站，进行下一站的测量工作。

5）在观测过程中，测量人员不能离开仪器去办其他事情。

特别提示：当最后一站前后视距差超限时，必须用移动仪器来满足要求，一测段测站数必须是偶数。

2. 对记录员的指导

1）观测者每报一个原始数据，记录者要回报，责任明确。观测者默认。

2）填表过程在工作训练 3.1 已说明，按工作训练 3.1 进行。注意在备注栏内注明点号。

3）利用下丝、上丝读数判断中丝是否准确（相互判断）。由仪器十字丝结构可知，上下丝是对称中丝的，所以对于黑面中丝读数理论上是：

$$黑面中丝读数 =（下丝读数 + 上丝读数）/2$$

因此记录员就要提前预计红面中丝大致是多少，但不能告诉观测者，当观测者读出的数超过预计值，特别是米、分米、厘米有较大的出入，不记录，应立即重读。

4）快速判断黑、红面中丝读数是否超限的方法：

① 当观测者不会读错米、分米时，则红、黑面之差的限差的计算为

$$黑中 + K - 红中 \leq ±3mm$$

以 4687 为例，再进一步分析：黑中 + 4687 - 红中 = 黑中 + 4787 - 13 - 红中 = 黑中 + 4787 - （红中 + 13）±3mm

因此只要将红面读数加 13 之后，再和黑面厘米位、毫米位进行比较，就能快速判断黑红面中丝读数是否到达要求。

② 一站各项限差满足要求，当计算高差中数时，是以黑面为主，红面高差和黑面高差比较会多 100 或少 100，对红面高差减 100 或加 100，再求平均数。造成原因是两尺红面的起点不一样，但一般情况下，±100 会交替出现。

③ 一站各项限差满足要求，当黑、红面出现高差一个为"+"、另一个为"-"，不要认为是错误，只要将红面±100之后，再取平均值即可。

5）注意表格的整洁、记录的规范，表格各部分记录要完整。

3. 对扶尺员的指导

1）前后扶尺员步距比较，求出步距差，量步时就可以知道立尺点放在什么位置。

2）当瞄准尺时，立尺要直，注意力要集中，未瞄准时，可以稍微放松。

3）注意观测员的手势动作。

4）当一站完成搬站时，原前尺不能动尺垫，否则所有观测成果都无效。

观测成果填入表3-5中。

3.2.9 思考题

四等水准测量

1. 四等水准测量施测与普通水准测量施测有何异同？

2. 在四等水准测量施测中，将每一站数据观测完后，再进行高程、视距、视距差等计算，这样的做法后果是什么？

3. 如果自己的小组在协调、组织、操作等方面出现问题，应该如何整改？

表 3-5　四等水准测量观测记录手簿

测自：_____　　____年____月____日　　观测者：_____

时刻 始：_____　　天气：_____　　记录者：_____

　　　末：_____　　成像：_____　　检查者：_____

测站编号	后尺 下丝 / 上丝	前尺 下丝 / 上丝	方向及尺号	标尺读数 黑面	标尺读数 红面	K+黑减红	高差中数	备注
	后　视	前　视						
	视距差 d	∑d						
			后					
			前					
			后-前					
			后					
			前					
			后-前					
			后					
			前					
			后-前					
			后					
			前					
			后-前					
			后					
			前					
			后-前					
			后					
			前					
			后-前					
			后					
			前					
			后-前					

（续）

测站编号	后尺	下丝	前尺	下丝	方向及尺号	标尺读数		K+黑减红	高差中数	备注
		上丝		上丝		黑 面	红 面			
	后 视		前 视							
	视距差 d		∑d							
					后					
					前					
					后-前					
					后					
					前					
					后-前					
					后					
					前					
					后-前					
					后					
					前					
					后-前					

工作训练 3.3

四等水准测量数据处理

3.3.1 任务目标

1）熟知原始记录的检查。

2）从观测手簿中计算出各段高差、长度，初步计算闭合差，在各项检查合格后，会绘制四等水准测量高程计算表。

3）熟知四等水准高程计算流程并进行高程计算。

4）完成附录 D 考核。

3.3.2 知识目标

1）描述进行四等水准测量手簿的检查、测段高差计算、测段距离累计计算、整个线路闭合差计算过程。

2）讲述四等水准数据处理具体过程。

3.3.3 能力目标

1）具有检查原始手簿是否合格及累计各段数据的能力。

2）具有识别表格各项内容和填表的能力，特别是绘制水准路线略图的能力。

3）具有计算闭合差及判断是否合格的能力。

4）具有分配闭合差的能力和高程的能力。

5）具有成果汇总的能力。

3.3.4 素质目标

1）培养团队协作、吃苦耐劳的精神。

2）培养自主学习的能力。

3）培养互帮互学精神。

3.3.5 训练内容

1）观测手簿的检查。

2）高程计算表格绘制，水准路线略图绘制。

3）闭合差及限差计算，闭合差分配。

4）高程计算，成果汇编。

5）训练结束后，请上交合格的成果及自主学习任务单。

3.3.6 训练器具

每组的四等水准测量观测手簿、四等水准路线高程计算表、2H 或 3H 铅笔等。

3.3.7 训练方法

1）先配合教材和多媒体资源，完成自主学习。

2）再进行四等水准路线高程计算并完成考核，强化书写训练。

3.3.8 训练指导

1. 手簿检查

（1）手簿书写规范检查

1）检查内容：是否便于识别，是否存在字改字、涂黑、缺页、连环涂改等现象，是否存在橡皮涂擦现象。

2）判断：不能识别，有厘米、毫米、连环涂改，橡皮涂擦的手簿为不合格手簿，不能使用。

（2）测站数据检查

1）在第（1）项检查合格后进行该项检查。从第一站开始，重新再独立计算每一站，进行计算正确性检查。

2）判断：原计算错误，进行改正，注意不是对原始数据进行涂改；如果原始数据上下丝之和的均值的米位、分米位和中丝米位、分米位不对，可进行划改，但不能连环涂改；如果视距差、视距累计差、黑红面之差、黑红面高程超限，应重新观测该测段。

（3）累计测段数据检查

1）检查内容。在第（2）项合格后进行该项检查。累计各段高差、距离，然后再求线路闭合差，检查闭合差应 $< \pm 20\sqrt{L}$。

2）判断：如闭合差 $> \pm 20\sqrt{L}$，重新观测该路线。

2. 绘制表格

按表 3-6 样式绘制水准路线高程计算表，在表中"略图及计算"栏中绘制水准路线略图。绘制略图注意以下几点：

1）标明已知点、未知点的点号及已知点的高程，高程以"m"为单位。

2）标明各测段的高差、距离、方向（用箭线表示），高差以"m"为单位，距离以"km"为单位标注。

3）结合略图，按表填写数据。

3. 高差闭合差的计算

附合水准路线闭合差为

$$f_h = \sum h_{测} - (H_{终} - H_{起})$$

闭合水准路线闭合差为

$$f_h = \sum h_{测}$$

4. 高差闭合差允许值的计算

平地：

$$f_{h限} = \pm 20\sqrt{L}$$

山地：
$$f_{h限} = \pm 6\sqrt{n}$$

5. 闭合差分配

$$v_i = -\frac{f_h}{L}L_i$$

或

$$v_i = -\frac{f_h}{n}n_i$$

6. 计算待定点的高程

1）改正后高差 $\hat{h}$：$\hat{h} = h_i + v_i$。

2）待定点高程的计算：$H_i = H_{i-1} + \hat{h}$。

7. 四等水准测量高程成果表

根据计算结果，将成果汇总在表 3-7 中。

3.3.9 思考题

四等水准测量观测手簿如何检查？

表 3-6　水准路线高程计算

点号	路线长度 L/km	观测高差 h_i/m	高差改正数 v/m	改正后高差 h_i'/m	高程 H/m	备注
Σ						

略图 及计算	

表 3-7　点位高程成果汇总表

点号	等级	高程/m	点位说明

工作依据 3.4

四等水准测量相关知识

3.4.1 四等水准测量高差观测流程

1. 水准点

水准测量是高程控制测量的一种主要方法，其目的是测量地面点的高程，这些高程点称为水准点。

2. 四等水准测量实施流程

四等水准测量实施流程包括：资料收集及分析，技术设计，人员组织，踏勘、选点、埋石，四等水准测量，数据处理，检查验收、总结，成果汇总。

3.4.2 收集资料及分析

在进行四等水准测量前应收集资料，并对这些资料进行分析、整理、归类。对已有的测量控制点成果应分析其精度，确定能否满足四等水准测量的需要。对原有的地形图和航摄成果资料应检查其现势性。

3.4.3 技术设计

技术设计就是根据四等水准测量规范并结合测区实际情况，对测区高程控制进行设计，使之满足发展下一级的要求及测图的需要。四等水准测量是测区的基本高程控制，其路线应尽量沿测区主要河流、道路布设。避免土质松软地段，尽量取坡度小和便于施测的路线。在地形图上除了和普通水准测量布置的图形外，还可以布设如图 3-1 所示图形，图 3-1a 为节点水准网，图 3-1b 为水准网。

由几条单一水准路线相互连接构成图 3-1a、b 的形状，称为水准网，相互连接的点称为节点。

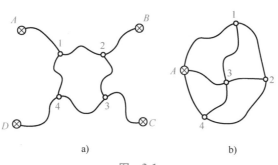

a)　　　　　　　　b)

图　3-1

精度估算：对在设计图上布设的图形要进行精度估算，看图形是否满足四等水准测量精度的要求。

3.4.4 人员组织

根据四等水准测量过程，四等水准测量人员组织结构可分为：四等水准测量组、质量检查组、后勤安全组，各部门相互配合协调，以保证项目顺利完成。

3.4.5 踏勘、选点、埋石

水准路线拟定后，即可根据设计图到实地踏勘、选点和埋石。所谓踏勘就是到实地查看图上设计是否与实地相符；选择水准点具体位置的工作称为选点；埋石就是水准点的标定工作。

水准点按其性质分为永久性水准点和临时性水准点两大类。便于长期保存的水准点称为永久性水准点，通常是标石，如图 3-2a 所示。为了工程建设的需要而临时增设的水准点，称为临时性水准点（通常以一个木桩作为临时性水准点，也可是三角点、导线点），这种水准点没有长期保存的价值，如图 3-2b 所示。

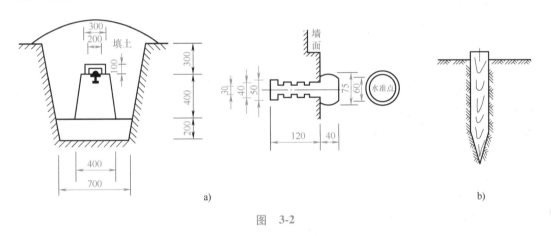

图　3-2

3.4.6 四等水准测量一站观测程序

1. 观测程序

1）将仪器安置在适当位置处，用圆水准器整平仪器（前视立尺者用步子量出后视立尺点到仪器的距离，然后再从仪器用步子量出相应的距离立尺），照准后视尺的黑面，读取下丝、上丝读数，旋转微倾螺旋使符合水准器的气泡符合，读取中丝读数。

2）后视尺转向红面，旋转微倾螺旋使符合水准器的气泡符合，用中丝读出红面读数。

3）旋转照准部瞄准前视尺读数，读下丝、上丝读数，旋转微倾螺旋使符合水准器的气泡符合，读取中丝读数。

4）前视尺转向红面，用中丝读出前视尺红面读数。

这样的顺序简称为"后—后—前—前"。

2. 测站上的计算和检核

1）测站上的记录计算，记录者应随时记录，并采取回报制度；若发现超限，应立即重测，若测到未知点或最后一站的距离超限，应搬动仪器。

2）一测站观测、记录、计算、检核无误之后，记录者发出"搬站"口令，进行搬站，后视尺移动到下一站的前视点上。

3）工作间歇点。观测过程中，每日中途休息或收工时，最好在水准点上结束观测。若不可能，则应选择两个可靠、光滑突出的地面固定点，如桥墩，作为间歇前的最后一站，对其间歇点进行观测。间歇后应先对两间歇点进行高差观测，若高差之差不超过±5mm，则认为两间歇点的位置没有变动，便可从前视间歇点起继续向前观测；若超过±5mm，则应重测该测段水准路线。

4）检查、验收、总结。

① 检查：每日观测的水准测量原始成果，小组必须进行检查；对完整的水准路线观测，应进行检查与验收。检查与验收的主要内容包括：手簿各栏填写是否齐全；是否存在违规涂改现象，如有，应责令重测；每站计算是否正确，高差中数取位是否正确等；各项计算是否满足限差要求；对检查的情况进行点评；高程计算是否正确。

② 验收：对观测手簿及高程计算的成果，检查无误之后，签名认为合格。

③ 总结：对通过验收的成果以书面的形式进行总结，主要内容是观测程序、方法的规范性，成果精度是否满足要求，以及在整个过程中遇到问题的处理。

3.4.7 数据处理案例

某四等水准路线观测成果如图 3-3 所示，求各待定点的高程。

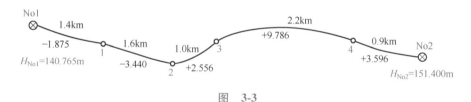

图　3-3

解：将图 3-3 的点号填入表 3-8 中（1）栏内，各段路线长度填入（2）栏内，高差观测值填入（3）栏内，已知点的高程填入对应点的（6）栏内；并计算出路线总长，总观测高差。

（1）闭合差及允许值的计算

$$f_h = 10.623\text{m} - (151.400 - 140.765)\text{m} = -0.012\text{m}$$

$$f_{h限} = \pm 20\sqrt{L} = \pm 20 \times \sqrt{7.1}\,\text{mm} = \pm 53\text{mm}$$

因 $|f_h| = 12\text{mm} \leqslant |f_{h限}|$，说明成果符合精度要求，可进行闭合差调整。

（2）闭合差的调整和改正后高差的计算　$v_1 = 0.002\text{m}$，$v_2 = 0.003\text{m}$，$v_3 = 0.002\text{m}$，$v_4 = 0.004\text{m}$，$v_5 = 0.001\text{m}$，将改正数填入表 3-8（4）栏内，并计算改正数之和，其值应和闭合差绝对值相对，符号相反，否则，说明计算有错误。

将观测高差加上高差改正数后得到改正后的高差，列入第（5）栏，最后求改正后的高差代数和，其值应与已知两点的高差相等，否则，说明计算有误。

表 3-8　符合水准路线高程计算

点号	路线长度 L/km	观测高差 h_i/m	高差改正数 v/m	改正后高差 h_i'/m	高程 H/m	备注
（1）	（2）	（3）	（4）	（5）	（6）	（7）
No1					140.765	
	1.4	−1.875	0.002	−1.873		
1					138.892	
	1.6	−3.440	0.003	−3.437		
2					135.455	
	1.0	+2.556	0.002	+2.558		
3					138.013	
	2.2	+9.786	0.004	+9.790		
4					147.803	
	0.9	+3.596	0.001	+3.597		
No2					151.400	
Σ	7.1	10.632	0.012			

计算：$f_h = 10.623\text{m} - (151.400 - 140.765)\text{m} = -0.012\text{m}$；限差 $= \pm 20 \times \sqrt{7.1}\ \text{mm} = \pm 53\text{mm}$。由于闭合差在限差内，因此，可进行高程计算

略图及计算

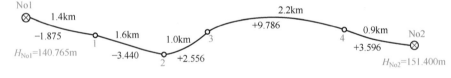

（3）高程的计算　根据检核过的改正后高差，由起始点开始，逐点推算出各点的高程，得

$$H_1 = 138.892\text{m}, \quad H_2 = 135.455\text{m}, \quad H_3 = 138.013, \quad H_4 = 147.803\text{m}$$

将计算的高程填入表 3-8（6）栏中，最后算得的终点高程应与已知终点的高程相符，否则，说明高程计算有误。

上述计算过程都是在表 3-8 中进行的。

3.4.8 水准测量误差及预防

水准测量工作中，由于仪器、观测者、外界条件等各种因素的影响，使测量成果中不可避免地都存在误差。为了保证测量成果的精度，需要分析研究误差的原因并采取措施消除或减弱误差的影响。

1. 仪器误差

（1）水准仪 i 角误差

1）影响特点。在进行水准测量之前，虽然对水准仪进行了检验和校正，但是水准

仪仍然存在误差，一方面是仪器制造误差，即仪器在制造过程中就存在制造缺陷，这项误差是无法消除的；另一方面是检验和校正后的残余误差。在这些误差中，影响最大的就是视准轴和水准管轴不平行的误差，即 i 角误差。i 角对一站高差的影响的数学模型为

$$\Delta = S_1 \tan i_1 - S_2 \tan i_2 \tag{3-1}$$

2）预防措施。要使 i 角影响为 0，一是应使 $i_1 = i_2$，二是使 $S_1 = S_2$。因此，预防 i 角误差影响的办法有以下两种：

① 对 i 角进行检验校正，使 $i<20''$，为了尽量使 $i_1 = i_2$，一是观测时间选在有微风时或阴天进行；二是快速观测完一站，使 i 角变化很小。设 $i_1 = i_2 = i$，则式（3-1）变为

$$\Delta = \frac{i}{\rho}(S_1 - S_2) \tag{3-2}$$

② 观测中，前、后视距应尽可能相等。如果 i 角的影响只有 S_3 水准仪 1km 误差的十分之一，即 $\Delta \leqslant \pm 3\text{m}/10$，则认为此时前后视距不等的影响可忽略不计。将其代入式（3-2），得 $S_1 - S_2 \leqslant \pm 3\text{m}$。

对于一段水准路线而言，i 角的影响的数学模型为

$$\delta \sum h = \frac{i}{\rho} \sum (S_A - S_B) \tag{3-3}$$

如果 i 角的影响只有 1mm 时，则认为此时前后视距差的累计的影响可忽略不计。将数据代入式（3-3）可得 $\sum (S_A - S_B) < 10\text{m}$，因此四等水准测量规范要求前后视距累计差在 ±10m 内。

通过分析四等水准测量，在观测过程中，可采取限制每站的视距差和视距累计差来预防 i 角对高差的影响。

（2）一对水准尺零点差误差

1）影响特点。水准尺的底面与标尺第一个分格的起始线（黑面为零，红面为 4687 或 4787）应当是一致的。由于水准尺底面磨损，零点发生了变化，这个差值即为零点差。如图 3-4 所示，A 尺零点差为 Δ_1，B 尺的零点差为 Δ_2，则第一站的高差为

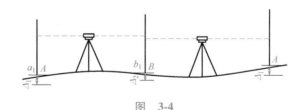

图　3-4

$$h_1 = (a_1 - \Delta_1) - (b_1 - \Delta_2)$$
$$h_1 = a_1 - b_1 - (\Delta_1 - \Delta_2)$$

同理，第二站：

$$h_2 = a_2 - b_2 + (\Delta_1 - \Delta_2)$$

第一、二站高差之和为

$$h = a_1 + a_2 - (b_1 + b_2)$$

2）预防措施。预防一对水准尺零点差误差对高差的影响的办法是：每一测段采用

偶数站进行观测。

（3）水准尺倾斜误差

1）影响特点。如图 3-5 所示，水准尺倾斜将使尺上读数增大，如果水准尺倾斜 θ 角，水准尺倾斜读数为 a'，水准尺不倾斜时的读数为 a，则因水准尺倾斜产生的误差大小为 Δa。

$\Delta a = a' - a = a' - a'\cos\theta = a'(1 - \cos\theta)$，即 Δa 的大小取决于标尺倾斜角 θ 和读数 a' 的大小。当 $\theta = 2°$，$a' = 3m$ 时，得 $\Delta a = 1.8mm$。

2）预防措施。水准尺倾斜误差对于每站高差的影响，在后视减前视可以抵消一部分，但是，如果往测均为上坡，则后视读数总是大于前视读数，该项误差的符号与高差符号均为正，将使测段总高差值增大，而返测（均为下坡）时，倾斜误差和高差符号都和往测相反，即返测总高差的绝对值也增大，因此，往返结果不能抵消水准尺倾斜误差的影响。故在观测中应认真扶尺，预防水准尺倾斜误差的影响。

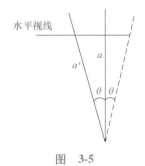

图 3-5

2. 观测误差

（1）影响特点　管水准器气泡居中误差，据推证，管水准器气泡居中误差可表示为

$$m_\tau = \pm \frac{0.15\tau}{2\rho}D$$

式中　D——水准尺到水准仪的距离。

若 $D = 100m$，$\tau = 20''/2mm$，则 $m_\tau = \pm 0.73mm$。

（2）读数误差　在水准尺上估读毫米数的误差，与人眼的分辨能力、望远镜的放大倍率以及视线长度有关，通常按下式计算：

$$m_V = \pm \frac{60''D}{V\rho}$$

式中　V——望远镜的放大倍率；

$60''$——人眼的极限分辨能力。

设望远镜放大倍率 26 倍，视线长 100m，则 $m_V = \pm 1.1mm$。

（3）视差误差　当存在视差时，十字丝平面与水准尺影像不重合，若眼睛观察的位置不同，便读出不同的读数，因而也会产生读数误差。

（4）标尺估读误差　水准测量读数时是十字丝在厘米间隔内估读，其估读误差的大小与厘米间隔的影像宽度及十字丝的粗细有关。通过实践证明，对于 S_3 水准仪，在 100m 以内，估读误差约为 $\pm 1mm$。

预防措施：调清十字丝，消除视差，严格使视距在规范范围内；每次中丝读数前，应严格使气泡居中；保持愉快的工作情绪，提高观测技能。

3. 外界环境影响及预防

（1）仪器下沉或尺垫下沉　由于仪器下沉或在转点发生尺垫下沉，使视线降低，从而引起高差误差。这类误差会随测站数增加而积累，因此，观测时要选择土质坚硬的地方安置仪器和设置转点，且要注意踩紧脚架，踏实尺垫。若采用"后、前、前、后"的观测程序或采用往返观测的方法，取成果的中数，可以减弱其影响。

（2）地球曲率的影响 如图 3-6 所示，设通过地面点 A、B 和仪器中心 O 作三个水准面，过 O 点的水准面与两标尺分别截于标尺上 a' 和 b'，则 AB 两点间的高差为：$h=a'-b'$。

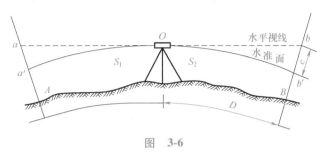

图 3-6

观测时，按水平视线在两尺截取的读数分别为 a 和 b，则 aa'、bb' 即为地球曲率对两标尺的影响。由图 3-6 推导得

$$h=(a-b)+\frac{1}{2R}(S_1+S_2)(S_1-S_2)$$

另 $\Delta h_{AB}=\frac{1}{2R}(S_1+S_2)(S_1-S_2)$ 称为地球曲率的影响。

若 $S_1=S_2$，则 $\Delta h_{AB}=0$，说明当前后视距相等时，地球曲率对一个测站的高差没有影响。

对一条水准路线而言，地球曲率对高差的影响为

$$\Delta h_{AB}=\sum\frac{1}{2R}(S_{后}+S_{前})(S_{后}-S_{前})$$

实际工作中均将 $\sum(S_{后}-S_{前})$ 加以限制，使 Δh_{AB} 影响忽略不计。例如 $S_{后}+S_{前}$ 平均为 200m，$\sum(S_{后}-S_{前})\leqslant 10$m 时，$\Delta h_{AB}\leqslant 0.16$mm。

（3）温度的影响 温度的变化不仅引起大气对光的折射率的变化，而且当烈日照射水准管时，由于水准管本身和管内液体温度的升高，气泡向着温度高的方向移动，而影响仪器水平，产生气泡居中误差，观测时应注意撑伞遮阳。

此外，大气的透视度、地形条件以及观测者的视觉能力等，都会影响测量精度。由于这些因素而产生的误差与视线长度有关，因此通常规定四等水准测量前后视线长各为 100m 以内。

工作自测 3.5

自主学习任务单

3.5.1 四等水准测量的记录、计算和限差要求——自主学习任务单

一、学习任务

在学习四等水准测量的记录、计算和限差之前，一定要先预习好教材中的内容，注意训练要求，这些学习工作都可以在平时有时间的情况下进行，实际上就是将专业要求与书写相结合，大家一定会有较大的收获

任　务	自评	自测标准		学习建议
数字书写		规范、整洁		平时多练习，熟能生巧
记录、计算			1. 记录	熟悉表格，每格填的内容，记录流程
			2. 计算	水准测量高差求法，计算模型，心算算法
限差		限差要求		限差要求的目的，限差的条款、应用

二、学习笔记

1. 四等水准记录与普通水准记录有何异同？

2. 联系课堂教学和训练，你有哪些收获？

3.5.2 > 四等附合（闭合）水准路线的施测——自主学习任务单

一、学习任务

在学习四等附合（闭合）水准路线的施测之前，一定要先预习好教材中的内容，注意仪器安全，通过训练四等水准路线的施测程序、观测方法、记录要求、限差应用、注意事项，对照学习，大家一定会有较大的收获

任　务	自评	自测标准	学习建议
四等水测量观测		1. 水准仪安置	通过训练指导及多媒体素材进行学习，熟记观测程序，实训室开放时间内多训练。熟能生巧
		2. 观测程序	1. 平时多训练瞄准水准尺规范，读数 2. 记录者、观测者互评
立水准尺		1. 视距	前后视距相等，立尺方法正确
		2. 点位	立尺点的点位正确
四等水准测量记录		1. 回报	责任明确
		2 表格填写	多练习数字书写
		3. 数据计算	多练习心算与巧算
		4. 限差应用	将限差铭记在心，心中有数
协调、配合		各工作的协调、配合	协调、配合重要性

二、学习笔记

1. 从观测、协调、组织等方面讲述如何做好一站四等附合（闭合）水准路线的测量？

2. 联系课堂教学和训练，你有哪些收获？

3.5.3　四等水准测量数据处理——自主学习任务单

一、学习任务

在学习四等水准测量数据处理之前，一定要先预习好教材中的内容，注意记录手簿的保管，提前准备好水准测量高程计算表。对照学习，大家一定会有较大的收获，定能掌握四等水准测量数据处理相关理论知识

任　　务	自评	自测标准	学习建议
观测手簿的检查		1. 记录整洁	平时多练习写字，才有鉴别
		2. 每一测站数据的检查	学习记录要求
手簿数据的计算		1. 每一测站数据的计算，是否合格的判断	视距差、视距差累计、高差、读数等限差要求及计算
		2. 测段、路线高差、视距累计的计算	计算器使用说明书的学习
		3. 判断成果线路成果是否合格	测段站数、路线限差的要求
高差计算		1. 表格绘制	
		2. 数据填写及水准路线略图绘制	如何填写
		3. 闭合差计算及分配	闭合差、改正数理论
		4. 高程计算	高程计算理论
		5. 成果汇总	

二、学习笔记

1. 简述四等水准测量数据处理过程

2. 联系课堂教学和训练，你有哪些收获？

工作任务 4 ▶▶

精密水准仪和水准尺的认识与读数

工作训练 4.1

精密水准仪使用和水准尺读数

4.1.1 任务目标

1）完成精密水准仪安置操作，熟悉不同型号精密水准仪各部件的功能。
2）能够读出精密水准尺上基辅分划读数。
3）完成附录 E 考核。

4.1.2 知识目标

1）能够说出自己操作较为熟悉的精密水准仪各个部件的名称。
2）能够说出各个部件的功能。

4.1.3 能力目标

1）具有能够较快地架设好精密水准仪的能力。
2）能够识别基辅分划读数，并知道基辅尺常数。
3）具有利用精密水准仪望远镜的楔形十字丝镜瞄准精密水准尺并读数的能力。

4.1.4 素质目标

1）培养团队协作、吃苦耐劳的精神。
2）培养自主学习的能力。
3）充分认识到测量工作需要协调、合作的重要性。

4.1.5 训练内容

1）认识精密水准仪、水准尺的基本结构和基本操作。
2）训练结束后，请上交本次自主学习任务单。

4.1.6 训练器具

精密水准仪及三脚架 1 套、精密水准尺、尺垫、记录纸。

4.1.7 训练方法

配合教材和多媒体资源，完成自主学习、实践。

4.1.8 训练指导

1. 仪器及器具

1）DSZ1 精密水准仪及测微器。DSZ1 精密水准仪及测微器各部件的名称如图 4-1 所示。

DSZ1 水准仪可进行普通、四等、精密水准测量，当用 DSZ1 水准仪可进行普通、四等水准测量时，不要将测微器安装在水准仪上。当用 DSZ1 用于精密水准测量时，通过物镜端将测微器插入，并用固定螺旋固定紧。该仪器采用摩擦制动，因此无制动螺旋。

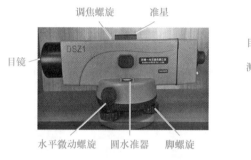
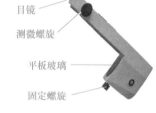

图　4-1

2）蔡司 007 精密水准仪。蔡司 007 精密水准仪如图 4-2 所示。

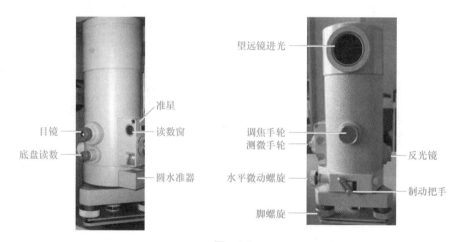

图　4-2

3）DL-003 电子水准仪。DL-003 电子水准仪各部件的名称如图 4-3 所示，该仪器靠摩擦制动，因此无制动螺旋。

4）精密水准仪的脚架、尺垫基本结构同普通水准仪，只是体积大些、质量重些。

5）尺撑。尺撑如图 4-4 所示，作为支撑水准尺立直的辅助器具。

6）精密水准尺如图 4-5 所示，图 4-5a 为条码尺和电子水准仪配套使用，图 4-5b 为精密光学水准仪配套使用的精密水准尺，图 4-5c 为尺的背面，图 4-5d 为尺撑支撑水准尺情况。

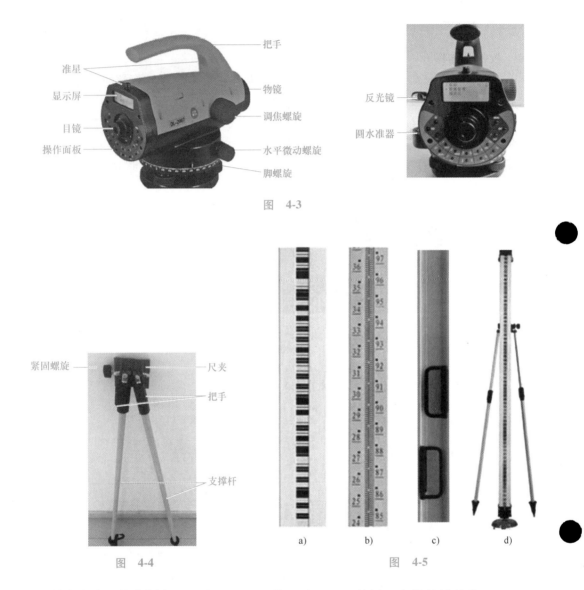

图　4-3

图　4-4

a)　　b)　　c)　　d)

图　4-5

紧固螺旋　　尺夹
把手
支撑杆

　　精密水准尺的分划有 1cm 和 0.5cm 两种，对于 1cm 的尺，它的基辅差为 301.55cm，对于半厘米的尺，它的基辅差为 606.50cm。无论精密光学水准仪配套使用的精密水准尺和数字水准仪配套使用的条码尺，在标尺上都有圆水准器，主要用于标尺立直。

　　7）测绳。如图 4-6 所示，测绳用于丈量立尺点和仪器架设点的距离，使前后视距满足规范的要求。

　　8）手持测距仪。手持测距仪的型号很多，因此应根据具体的手持测距仪，在学习了使用说明书后，再操作。在精密水准测量中主要用它来确定立尺点、仪器架设点的位置。

2. 精密水准测量的读数

　　（1）精密光学水准仪瞄准标尺的读数　精密水准仪标尺读数是在标尺上读取米、分米、厘米，在测微器上读取毫米、0.1mm，估读 0.01mm。如图 4-7 所示楔形丝夹准

198，在测微器中的读数是 150，水准尺上全部读数是 198.150cm。

图　4-6

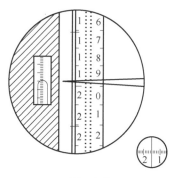

图　4-7

（2）数字水准仪瞄准标尺的读数　将数字水准仪安置好，瞄准条码尺，按测量键，在数字水准仪的显示屏上可以直接读取标尺的读数。

4.1.9　思考题

1. 简述利用楔形丝读数过程。
2. 精密水准仪和水准尺与普通水准仪和水准尺有哪些异同？

精密水准仪使用
和在水准尺上
的读数

工作训练 4.2

一测站精密高差水准测量

4.2.1 任务目标

1）完成一测站高差精密水准测量。
2）完成一测站高差水准测量的记录。
3）完成一测站高差精密水准测量考核，见附录 F。
4）一测站记录应在观测者测完之后，2min 内完成各项记录计算工作。

4.2.2 知识目标

1）描述二等水准测量奇、偶数站的观测过程。
2）说出一测站高差计算的方法。
3）知道数据取位原则。

4.2.3 能力目标

1）具有安置精密水准仪的能力。
2）具有准确地利用精密水准仪在标尺上读数的能力。
3）具有快速立直水准尺的能力。

4.2.4 素质目标

1）培养团队协作、吃苦耐劳的精神。
2）培养自主学习的能力。
3）认识到测量工作需要协调、合作、组织的重要性。

4.2.5 训练内容

1）精密水准仪架设，测出一测站两点的高差。
2）计算两点的高差，计算数据取位。
3）训练结束后，请上交合格的成果及自主学习任务单。

4.2.6 训练器具

精密水准仪 1 套、精密水准尺、尺垫、记录纸、2H 或 3H 铅笔 1 支。

4.2.7 训练方法

1）配合教材和多媒体资源，完成自主学习。

2）奇偶数站观测、记录训练。

4.2.8　训练指导

观测前用测绳（手持测距仪）确定仪器架设点、立尺点的位置，使两段距离相等。

1. 观测程序

（1）往测时，奇数测站

1）照准后视标尺的基本分划，读上下丝读数，转动测微手轮用楔形丝夹基本分划，读取标尺的基本分划读数（米、分米、厘米）和测微器上的读数。

2）照准前视标尺的基本分划，转动测微手轮用楔形丝夹基本分划，读取标尺的基本分划读数（米、分米、厘米）和测微器上的读数，再读上下丝读数。

3）照准前视标尺的辅助分划，转动测微手轮用楔形丝夹辅助分划，读取标尺的辅助分划读数（米、分米、厘米）和测微器上的读数。

4）照准后视标尺的辅助分划，转动测微手轮用楔形丝夹辅助分划，读取标尺的辅助分划读数（米、分米、厘米）和测微器上的读数。

操作简称为"后—前—前—后"，读数为①后：上（基），下（基），中（基），②前：中（基），上（基），下（基），中（辅），③后：中（辅）。

（2）往测时，偶数站

1）照准前视标尺的基本分划，读上下丝读数，转动测微手轮用楔形丝夹基本分划，读取标尺的基本分划读数（米、分米、厘米）和测微器上的读数。

2）照准后视标尺的基本分划，转动测微手轮用楔形丝夹基本分划，读取标尺的基本分划读数（米、分米、厘米）和测微器上的读数，再读上下丝读数。

3）照准后视标尺的辅助分划，转动测微手轮用楔形丝夹辅助分划，读取标尺的辅助分划读数（米、分米、厘米）和测微器上的读数。

4）照准前视标尺的辅助分划，转动测微手轮用楔形丝夹辅助分划，读取标尺的辅助分划读数（米、分米、厘米）和测微器上的读数。

操作简称为"前—后—后—前"，读数为①前：上（基），下（基），中（基），②后：中（基），上（基），下（基），中（辅），③前：中（辅）。

（3）填写数据　将观测数据填入表 4-1 中。

2. 限差要求 ［《工程测量标准》（GB 50026—2020)］

限差要求见表 4-2。

表 4-2　二等水准测量要求

等级	水准仪级别	视线长度 /m	前后视距差 /m	任意一站前后视距差累积/m	视线高地面最低高度/m	基辅读数的差/mm	基辅高差之差/mm	基辅所测高差较差/mm
二等	DS$_1$	50	1.0	3.0	0.5	0.5	0.5	0.7

3. 手簿的记录和计算

1）记录取位要求 ［《工程测量标准》（GB 50026—2020)］见表 4-3。

表 4-3　记录取位要求

等级	往（返）测距离总和/km	测段距离中数/km	各测站高差/mm	往（返）测高差总和/mm	测段高差中数/mm	水准点高程/mm
二等	0.01	0.1	0.01	0.01	0.1	1

2）记录、计算顺序。

① 见表 4-1，按表示的顺序进行奇偶记录。

② 视距部分计算（以奇数站为例）。

$$(9)=[(1)-(2)]\times100$$
$$(10)=[(5)-(6)]\times100$$
$$(11)=(9)-(10)$$
$$(12)=(11)+前(12)$$

末站 $\sum(12)-\sum(10)$ 作为检核。

③ 高差部分的计算、检核（以奇数站为例）。

$$(13)=(4)+K(基辅差)-(7)$$
$$(14)=(3)+K(基辅差)-(8)$$
$$(15)=(14)-(13)=(16)-(17)$$
$$(16)=(3)-(4)$$
$$(17)=(8)-(7)$$
$$(18)=[(16)+(17)]/2$$

偶数站计算各项数据类同奇数站。

4.2.9 思考题

简述二等水准测量的记录计算与四等水准测量的记录计算的异同。

一测站精密高
差水准测量

表 4-1　二等水准测量观测记录手簿

测自：＿＿＿＿＿＿＿＿　　　＿＿＿＿年＿＿＿月＿＿＿日　　　观测者：＿＿＿＿＿＿＿＿

时刻 始：＿＿＿＿＿＿＿　　天气：＿＿＿＿＿＿＿＿＿　　记录者：＿＿＿＿＿＿＿＿

　　　末：＿＿＿＿＿＿＿　　成像：＿＿＿＿＿＿＿　　　检查者：＿＿＿＿＿＿＿＿

测站编号	后尺　下丝／上丝	前尺　下丝／上丝	方向及尺号	标尺读数		K+基减辅	备注
	后　视	前　视		基本分划（一次）	辅助分划（二次）		
	视距差 d	$\sum d$					
奇数	（1）	（5）	后	（3）	（8）	（14）	
	（2）	（6）	前	（4）	（7）	（13）	
	（9）	（10）	后-前	（16）	（17）	（15）	
	（11）	（12）	h	（18）			
偶数	（1）	（5）	后	（4）	（7）	（13）	
	（2）	（6）	前	（3）	（8）	（14）	
	（9）	（10）	后-前	（16）	（17）	（15）	
	（11）	（12）	h	（18）			

工作依据 4.3

精密水准仪和水准尺概念

4.3.1　自动安平原理

如图 4-8 所示，设望远镜视准轴倾斜了一个小角 α，为使经过物镜光心的水平视线能够通过十字丝的中心，可采用两种方法得以实现。

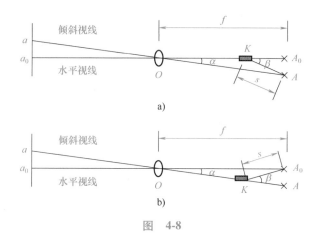

图　4-8

第一：在光路中安装一个"补偿器"，使水平光线经过补偿器而偏转一个 β 角而通过十字丝中心。由于偏转角 α 和 β 的值都很小，若 $f\alpha = S\beta$ 成立，则能够达到"补偿"效果。

第二：若能使十字丝移动到 K 处，也能达到补偿的目的。

4.3.2　精密水准仪、精密水准尺、读数

1）精密水准仪：往返观测 1km 高差的中误差小于 $\pm1mm$ 的水准仪，凡能达到这样指标的微倾式水准仪、自动安平水准仪、电子水准仪统称精密水准仪。精密水准仪与普通水准仪的区别：精密水准仪有测微装置，而普通水准仪没有。

2）精密水准尺特点：精密水准尺的刻划是在铟瓦钢带上，铟瓦钢带受温度影响小。在尺面上有基辅分划，实现读数的检核。

3）精密水准尺上的读数要求：二等五位数，在尺上直接读三位（米、分米、厘米），在测微器上读二位（0.1mm、0.01mm）、估读 0.001mm，但需进位，进位原则按四舍六进五考虑，奇进偶不进。

4）测微器：光学精密水准仪一般采用的测微光学器件是平板玻璃、五角棱镜（根

据光学原理，五角棱镜展开后相当于一个平板玻璃）。当光线经过平板玻璃后，出来的光线与原入射光线平行，但产生位移，大小 h 为：$h=\dfrac{i}{\rho}d$，i 为入射角，d 为平板玻璃的厚度。

4.3.3 一站二等水准测量

二等水准测量一站观测程序：

往测：

奇数站：简述为后—前—前—后。

偶数站：简述为前—后—后—前。

返测：

奇数站：简述为前—后—后—前。

偶数站：简述为后—前—前—后。

工作自测 4.4

自主学习任务单

4.4.1 精密水准仪使用和水准尺读数——自主学习任务单

一、学习任务

在学习精密水准仪使用和在水准尺的读数之前，一定要先预习好教材中的内容，注意仪器安全，通过实训认识精密水准仪各个部件的名称及功能，以及和 DS_3 水准仪的异同，注意事项。对照学习，大家一定会有较大的收获，定能初步掌握精密水准仪基本操作

任　　务	自评	自测标准	学习建议
演示架设		观看	认真观看老师对水准仪操作过程，仔细听老师对照仪器讲解仪器结构及各部件名称和功能
认识水准仪、工器具的各个部件及功能		1. 仪器架设	1. 通过训练指导及多媒体素材进行学习，实训室开放时间内多训练。熟能生巧 2. 精密水准尺，认知基本结构，并能直接在尺子上读米、分米、厘米 3. 两人组合互相检测，直到知道所有部件功能
		2. 脚架摆设，高度适中，架头大致水平	
		3. 在精密水准仪上任选一个部件都能说出功能	
		4. 能知道基辅差常数，能准确读出读数	
		5. 能正确立水准尺并迅速立直	
完成时间			

二、学习笔记

1. 精密光学水准仪和普通光学水准仪有何异同？

2. 在这次实训中你有哪些收获？

4.4.2 一测站精密高差水准测量——自主学习任务单

一、学习任务

在学习一测站高差精密水准测量之前，一定要先预习好教材中的内容，理解基本概念和基本知识，注意仪器安全，注意训练的纪律，通过学习观测流程，熟悉观测过程。相信大家通过自身的努力一定会完成任务，操作仪器的能力会更好

任　　务	自评	自测标准	学习建议
精密水准仪架设及仪器粗平		1. 水准仪架设、粗平	1. 通过训练指导及多媒体素材进行学习，实训室开放时间内多训练。熟能生巧 2. 请问老师操作技巧，用于自己的操作
		2. 立尺位置及立尺点到仪器步距测量	
观测读数（奇数站）		1. 路线前后判别	1. 实地体验前后关系 2. 立尺姿势 3. 小组规定、立尺、休息、扶直、测完的手势 4. 本组操作能力强的先操作，其他人观摩学习，找出自己的不足 5. 本组记录整洁、书写能力强的先记录，其他人观摩学习，找出自己的不足 6. 观测记录互相检测，直到完成一测站高差水准测量
		2. 后尺上下丝	
		3. 后尺中丝基本分划	
		4. 前尺中丝基本分划	
		5. 前尺上下丝	
		6. 前尺辅助分划	
		7. 后尺辅助分划	
完成时间			

二、学习笔记

1. 试验：比较采用手持测距仪、测绳确定立尺点的位置的优点

2. 联系课堂教学和训练，你有哪些收获?

工作任务 5 ▶

二等精密水准测量

工作训练 5.1

二等水准测量的记录、计算和限差要求

5.1.1 任务目标

1）熟知二等水准测量的操作流程。
2）完成二等水准测量记录的高差计算（约 12 站）。
3）熟记二等水准测量的限差要求。

5.1.2 知识目标

1）描述二等水准测量的施测过程。
2）讲述二等水准测量记录、计算过程。
3）知道二等水准测量限差要求。

5.1.3 能力目标

1）具备能详细描述奇、偶二等水准测量施测的能力。
2）具备初步应用二等水准测量限差的能力。
3）具有较好的数字书写能力。

5.1.4 素质目标

1）培养团队协作、吃苦耐劳的精神。
2）培养自主学习的能力。
3）充分认识到测量工作需要协调、合作、组织的重要性。

5.1.5 训练内容

1）二等水准测量记录，二等水准测量限差应用。
2）听、记数据及二等水准测量测站的计算。
3）训练结束后，请上交合格的成果及自主学习任务单。

5.1.6 训练器具

记录纸、2H 或 3H 铅笔。

5.1.7 训练方法

先配合教材和多媒体资源，完成自主学习。再不断强化记录训练。

5.1.8 训练指导

1. 二等水准测量一站观测、记录程序简述

往测奇数站：观测，遵循"后—前—前—后"测量顺序，记录为：后，上（基）、下（基）、中（基）；前，中（基）、上（基）、下（基）、中（辅）；后，中（辅）。

往测偶数站：遵循"前—后—后—前"测量顺序，记录为：前，上（基）、下（基）、中（基）；后，中（基）、上（基）、下（基）、中（辅）；前，中（辅）。

2. 限差要求，见表 5-1［《工程测量标准》（GB 50026—2020）］

表 5-1　二等水准测量要求

等级	仪器类型	视线长度/m	前后视距差/m	任意一站前后视距差累积/m	视线高度（下丝读数）/m	基辅读数的差/mm	基辅高差之差/mm	上下丝读数均值与中丝读数的差/mm		闭合差限差/mm	
								0.5cm刻划标尺	1cm刻划标尺	平地	山地
二等	DS$_1$	50	1	3	0.3	0.5	0.7	≤1.5	≤3.0	$4\sqrt{L}$	—

3. 数据记录

由一方（一般为教师）报二等水准测量观测数据，由另一方（一般为学生）记录并计算。记录手簿见表 5-2。

5.1.9 思考题

简述二等水准测量记录的基本要求。

表 5-2　二等水准测量观测记录手簿

测站编号	后尺	下丝	前尺	下丝	方向及尺号	标尺读数		K+基减辅	备注
		上丝		上丝					
	后　视		前　视			基本分划（一次）	辅助分划（二次）		
	视距差 d		∑d						
					后				
					前				
					后-前				
					h				
					后				
					前				
					后-前				
					h				
					后				
					前				
					后-前				
					h				
					后				
					前				
					后-前				
					h				
					后				
					前				
					后-前				
					h				
					后				
					前				
					后-前				
					h				
					后				
					前				
					后-前				
					h				
					后				
					前				
					后-前				
					h				

（续）

测站 编号	后尺	下丝 上丝	前尺	下丝 上丝	方向 及尺号	标尺读数		K+基减辅	备注
	后　视		前　视			基本分划 （一次）	辅助分划 （二次）		
	视距差 d		∑d						
					后				
					前				
					后-前				
					h				
					后				
					前				
					后-前				
					h				

工作训练 5.2

二等水准路线的施测（光学水准仪）

5.2.1　任务目标

1）熟知观测场地。

2）选择一条附合（闭合）水准路线，中间选两个未知点，每 4 人在 2h 内观测一条水准路线，并得出合格成果。

3）根据给定的起算数据，计算未知点的高程。

5.2.2　知识目标

1）描述光学水准仪二等水准测量一站观测过程。

2）描述什么是附合（闭合）水准路线，知道二等水准测量限差要求。

3）描述二等水准测量记录方法及高差计算过程。

5.2.3　能力目标

1）具有进行二等水准测量实地踏勘、选点的能力。

2）具有进行二等水准施测、记录的能力。

3）具备施测的组织、协调的能力。

4）具有判断成果是否合格及限差的应用能力。

5.2.4　素质目标

1）培养团队协作、吃苦耐劳的精神。

2）培养自主学习的能力。

3）充分认识到测量工作需要协调、合作、组织的重要性。

5.2.5　训练内容

1）光学水准仪二等水准测量观测、二等水准测量记录、二等水准测量限差应用。

2）记录书写整洁、美观，点之记的绘制。

3）训练结束后，请上交合格的成果及自主学习任务单。

5.2.6　训练器具

光学水准仪及三脚架 1 套、水准尺、尺垫、记录纸、铅笔、记录板。

5.2.7 训练方法

先配合教材和多媒体资源，完成自主学习；再进行一站二等水准路线观测并考核数据结果；最后强化记录训练。

5.2.8 训练指导

1. 准备工作指导

在拟定的水准路线上，用绳尺（手持测距仪）根据二等水准测量视距限差，在实地标记出仪器、水准尺架立位置，一般用符号"不"表示仪器位置，用"△"表示立尺位置。

2. 对观测员、记录员的指导

1）将仪器安置在标记处；前后尺立在标记处，整平仪器，进行观测。

二等水准测量一站观测程序：

往测：

奇数站：简述为后—前—前—后。

偶数站：简述为前—后—后—前。

返测：

奇数站：简述为前—后—后—前。

偶数站：简述为后—前—前—后。

2）记录者应随时记录，并采取回报制度；若发现超限，应立即重测，若测到未知点或最后一站的距离超限，应搬动仪器。

3）记录取位要求见表 4-3。

4）每站测量成果合格后（合格就是所有需观测的数据观测完，所有记录、计算都完成且满足限差要求），即可搬站。

5）施测期间不能离开仪器去办其他事情。

6）快速判断基、辅中丝读数是否超限的方法：

① 当米、分米、厘米不错时，基中+K-辅中≤±0.4mm，以 60650 为例，再进一步分析：

基中+60650-辅中＝基中+60650-50+50-辅中＝基中+60700-（辅中+50）≤±0.4mm

因此只要将辅中读数加 50 之后，再和基中毫米位、0.1mm 位进行比较，就能快速判断基辅读数是否达到要求。

② 一站各项限差满足要求，当计算高差中数时，是以基本分划为主，辅助分划为辅，和四等水准测量类似。

7）将观测数据填入表 5-3 中。

3. 对立尺员的指导

当一站完成搬站时，原前尺不能提尺垫离开，不然所有观测都是无效成果。

二等水准路线施测
（光学水准仪）

5.2.9 思考题

二等水准测量施测与四等水准测量施测有何异同？

表 5-3　二等水准测量观测记录手簿（光学水准仪）

测自：＿＿＿＿＿　　＿＿年＿＿月＿＿日　　观测者：＿＿＿＿＿＿

时刻 始：＿＿＿＿＿　天气：＿＿＿＿＿　　　记录者：＿＿＿＿＿＿

　　　末：＿＿＿＿＿　成像：＿＿＿＿＿　　　检查者：＿＿＿＿＿＿

测站编号	后尺　下丝　上丝	前尺　下丝　上丝	方向及尺号	标尺读数		K+基减辅	备注
	后　视	前　视		基本分划（一次）	辅助分划（二次）		
	视距差 d	$\sum d$					
			后				
			前				
			后-前				
			h				
			后				
			前				
			后-前				
			h				
			后				
			前				
			后-前				
			h				
			后				
			前				
			后-前				
			h				
			后				
			前				
			后-前				
			h				
			后				
			前				
			后-前				
			h				
			后				
			前				
			后-前				
			h				

（续）

测站编号	后尺	下丝	前尺	下丝	方向及尺号	标尺读数		K+基减辅	备注
		上丝		上丝		基本分划（一次）	辅助分划（二次）		
	后 视		前 视						
	视距差 d		∑d						
					后				
					前				
					后-前				
					h				
					后				
					前				
					后-前				
					h				
					后				
					前				
					后-前				
					h				
					后				
					前				
					后-前				
					h				
					后				
					前				
					后-前				
					h				

工作训练 5.3

二等水准路线的施测（数字水准仪）

5.3.1 任务目标

1）熟知观测场地。

2）选择一条附合（闭合）水准路线，中间选两个未知点，每四人在 2h 内观测一条水准路线并得出合格成果。

3）根据给定的起算数据，计算未知点的高程。

5.3.2 知识目标

1）描述数字水准仪二等水准测量一站观测过程。

2）描述什么是附合（闭合）水准路线，知道二等水准测量限差要求。

3）描述二等水准测量记录方法及高差计算过程。

5.3.3 能力目标

1）具有进行二等水准测量实地踏勘、选点的能力。

2）具有进行二等水准施测、记录的能力。

3）具备施测的组织、协调的能力。

4）具有判断成果是否合格及限差的应用能力。

5.3.4 素质目标

1）培养团队协作、吃苦耐劳的精神。

2）培养自主学习的能力。

3）充分认识到测量工作需要协调、合作、组织的重要性。

5.3.5 训练内容

1）数字水准仪二等水准测量观测，二等水准测量记录。

2）二等水准测量限差应用。

3）记录书写整洁、美观，点之记的绘制。

4）训练结束后，请上交合格的成果及自主学习任务单。

5.3.6 训练器具

数字水准仪及三脚架 1 套、水准尺、尺垫、记录纸、铅笔、记录板。

5.3.7 训练方法

先配合教材和多媒体资源，完成自主学习；再进行一站二等水准路线观测并考核数据结果；最后不断强化记录训练。

5.3.8 训练指导

1. 准备工作指导

在拟定的水准路线上，用绳尺（手持测距仪）根据二等水准测量视距限差，在实地标记出仪器、水准尺架立位置，一般用符号"不"表示仪器位置，用"△"表示立尺位置。

2. 对观测员的指导

1）数字水准仪的二等水准测量一站观测程序和光学水准仪观测程序一样，限差要求也一样。

2）在一个测站上观测步骤（以奇数站为例）。

① 将仪器整平，仪器开机并进入测量状态。

② 望远镜照准后尺，调焦至标尺条码清晰，按测量键，读取视距、视线高，视距读至 0.1m。

③ 旋转仪器照准前尺，调焦至标尺条码清晰，按测量键，读取视距、视线高，视距读至 0.1m。

④ 再按测量键，读取视线高。

⑤ 再旋转仪器照准后尺，调焦至标尺条码清晰，按测量键，读取视线高。

3）将观测数据填入表 5-4 内。

5.3.9 思考题

数字水准仪观测和光学水准仪观测有何异同？

表 5-4　二等水准测量观测记录手簿（数字水准仪）

测自：＿＿＿＿＿＿＿　　　＿＿＿年＿＿月＿＿日　　观测者：＿＿＿＿＿＿

时刻 始：＿＿＿＿＿　　天气：＿＿＿＿＿＿　　记录者：＿＿＿＿＿＿

　　　末：＿＿＿＿＿　　成像：＿＿＿＿＿＿　　检查者：＿＿＿＿＿＿

测站编号	后距 视距差 d	前距 $\sum d$	方向及尺号	标尺读数		两次读数差	备注
				第一次读数	第二次读数		
			后				
			前				
			后-前				
			h		.		
			后				
			前				
			后-前				
			h				
			后				
			前				
			后-前				
			h				
			后				
			前				
			后-前				
			h				
			后				
			前				
			后-前				
			h		.		
			后				
			前				
			后-前				
			h				
			后				
			前				
			后-前				
			h				
			后				
			前				
			后-前				
			h				

（续）

测站编号	后距	前距	方向及尺号	标尺读数		两次读数差	备注
	视距差 d	$\sum d$		第一次读数	第二次读数		
			后				
			前				
			后-前				
			h				
			后				
			前				
			后-前				
			h				

工作训练 5.4
二等水准测量数据处理

5.4.1 > 任务目标

1）熟知原始记录的检查。

2）从观测手簿中计算出各段高差、长度，初步计算闭合差，在各项检查合格后，会绘制二等水准测量高程计算表。

3）熟知二等水准高程计算流程并进行高程计算。

5.4.2 > 知识目标

1）描述进行二等水准测量手簿的检查、测段高差计算、测段距离累计计算、整个线路闭合差计算。

2）讲述二等水准测量数据处理过程。

5.4.3 > 能力目标

1）具有检查原始手簿是否合格及累计各段数据的能力。

2）具有识别表格各项内容和填表的能力，特别是绘制水准路线略图的能力。

3）具有计算闭合差及判断是否合格的能力。

4）具有分配闭合差的能力和计算高程的能力。

5）具有成果汇总的能力。

5.4.4 > 素质目标

1）培养团队协作、吃苦耐劳的精神。

2）培养自主学习的能力。

3）树立互帮互学的精神。

5.4.5 > 训练内容

1）每组的观测手簿的检查。

2）绘制高程计算表格，绘制水准路线略图。

3）闭合差、限差计算及分配。

4）单一水准路线高程计算。

5）水准网高差精度概算。

6）利用软件进行水准网高程计算及成果汇编。

7）训练结束后，请上交合格的成果及自主学习任务单。

5.4.6 训练器具

每组的二等水准测量观测手簿、二等水准路线高程计算表、2H 或 3H 铅笔等。

5.4.7 训练方法

先配合教材和多媒体资源，完成自主学习；再进行考核二等水准路线高程计算并考核数据结果；最后不断强化书写训练。

5.4.8 训练指导

1. 手簿检查

（1）手簿书写规范检查

1）检查内容：是否有字改字、涂黑、缺页、连环涂改、橡皮涂擦等现象。

2）判断结果：不能识别，有厘米、毫米、0.1mm、0.01mm 涂改或连环涂改，橡皮涂擦的手簿为不合格手簿，不能使用。

（2）测站数据检查

1）在第 1 项检查合格后进行该项检查。从第一站开始，重新再独立计算每一站，进行计算正确性检查。

2）处理：如原计算错误应进行改正，注意不是对原始数据进行涂改，如果视距差、视距累计差、基辅面高差之差不符合要求，应重新观测该测段。

（3）累计测段数据检查

1）检查内容：在第 2 项合格后进行该项检查。累计各段高差、距离，然后再概算线路闭合差，检查闭合差 $<\pm 4\sqrt{L}$。

2）判断：概算闭合差 $>\pm 4\sqrt{L}$，重新观测该路线。

2. 高程计算

1）绘制水准路线略图应注意以下几点：

① 标明已知点、未知点的点号及已知点的高程，高程以 m 为单位。

② 标明各测段的高差、距离、方向（用箭线表示），高差以 m 为单位，距离以 km 为单位标注。

2）各项改正计算。

① 水准尺每米长度误差的改正计算。对于一个测段的改正数为 $\delta_f = f\sum h$，f 为一对水准尺每米长度的平均误差（当 $\pm f \geqslant 0.02$mm，就要改正）。

② 正常水准面不平行的改正数计算：

$$\varepsilon_i = -AH_i\Delta\varphi_i'$$

式中　ε_i——水准测量路线中第 i 测段的正常水准面不平行改正数，单位为 mm；

A——$A = 0.0000015371\sin2\varphi$，$\varphi$ 为水准路线的纬度中数；

H_i——第 i 测段始末点的近似高程的平均值；

$\Delta\varphi_i'$——第 i 测段始末点纬度差。

③ 水准测量路线测段高差计算：

$$h_i' = h_i + \delta_{fi} + \varepsilon_i$$

④ 如水准路线只是水准网的其中一个环，则应计算每千米水准测量的全中误差，即

$$M_W = \pm\sqrt{\frac{[WW/F]}{N}}$$

式中　W——闭合差（mm）；

　　　F——水准环线周长（km）；

　　　N——水准环数。

3）单一二等水准测量高程计算同四等水准测量，对于水准网，可采用平差软件进行计算。

① 绘制水准网示意图，如图 5-1 所示。

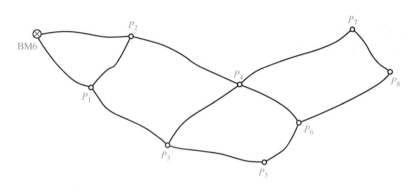

图　5-1

② 确定已知点个数及未知点个数。图 5-1 中，已知点 1 个，未知点 8 个。

③ 统计各段高差、观测误差，见表 5-5。

表 5-5　水准网数据统计表

测段序号	测段起点	测段终点	测段距离/m	观测高差/m
1	BM6	P_2	20128	+9.125
2	P_1	BM6	15224	+0.893
3	P_1	P_2	10615	+10.012
4	P_1	P_3	25128	+6.193
5	P_2	P_4	30025	+2.640
6	P_3	P_4	20229	+6.481
7	P_3	P_5	20568	+6.999
8	P_4	P_6	15227	+1.712
9	P_4	P_7	30812	+26.214
10	P_5	P_6	5888	+1.212

（续）

测段序号	测段起点	测段终点	测段距离/m	观测高差/m
11	P_8	P_6	25016	-64.388
12	P_8	P_7	10666	-39.844

④ 摘录起算数据，已知 BM6 点的高程为 450.356m。

⑤ 根据平差软件说明，输入已知点点数，未知点点数，各段测量高差、各段距离等，并进行平差计算。

⑥ 将平差计算结果打印成册。

⑦ 打印平差软件说明书。

5.4.9 思考题

1. 简述水准网平差计算的步骤（采用软件计算）。

2. 简述水准网平差权的确定方法。

工作依据 5.5

二等精密水准测量相关知识

5.5.1　二等水准测量设计书的内容

1. 水准路线布设情况说明

二等水准路线布设主要是单一水准路线、水准网等。

2. 选取水准点

水准点应选在土质坚硬、地面坡度较小的地方，下列地方不应选作水准点：

1）易受水淹、潮湿或地下水位较高的地点。

2）易发生土崩、滑坡、沉陷等地面局部变形的地区。

3）土质松软的地点。

4）距已有铁路 50m、公路 30m 以内。

5）地形隐蔽不便观测的地点。

3. 水准点编号

根据水准测量规范相关要求进行编号。

4. 水准点的点之记

将水准点的位置记录下来，便于今后寻找，这个过程称为点之记，见表 5-6。

表 5-6　二等水准点的点之记

详细位置图		标石断面图		
所在图幅		标石类型		
经纬度		标石材料		
所在地			土地使用者	
地别土质			地下水深度	
交通路线				
点位详细说明				

（续）

接管单位				保管人	
选点单位		埋石单位		维修单位	
选点者		埋石者		维修者	
选点日期		埋石日期		维修日期	
备注					

5. 二等水准测量

1）测量依据《工程测量标准》（GB 50026—2020）。

2）联测：将一等水准点的高程传递到二等水准网的测量工作称为联测。

3）精度估算：对二等水准测量质量进行初步评定的工作，称为精度估算。

6. 数据处理

按最小二乘原理进行数据处理（严密平差）。

7. 上交成果

将所有原始记录、高差计算、高程计算、仪器检测报告复印件（国家市场监督管理总局计量司）、技术总结等上交投资方的工作，称为上交成果。

5.5.2 二等水准测量实施

1）二等水准测量观测路线的标记工作：在需要观测的水准路线上，按二等水准测量的要求，标出仪器架设点、前后立尺点等工作。

2）二等水准测量一站观测程序：

往测：

奇数站：简述为后—前—前—后。

偶数站：简述为前—后—后—前。

返测：

奇数站：简述为前—后—后—前。

偶数站：简述为后—前—前—后。

3）利用光学水准仪观测二等水准测量记录观测数据：一共8个。

4）利用数字水准仪观测二等水准测量记录数据：一共6个。

5）计算高差中数时，以基本分划为主，辅助分划为辅，与四等水准测量方法是一样的。

6）对于架设仪器一般采用如图5-2所示方法：主要是减弱交叉角误差的影响。

图 5-2

7）记录。记录者应随时记录，并采取回报制度；若发现超限，应立即重测；若测到未知点或最后一站的距离超限，应搬动仪器。

5.5.3 数据处理

1. 二等水准测量外业计算

手簿检查、测段高差计算、测段视距计算、水准尺长度改正计算、正常水准面不平行改正、重力异常改正等。

2. 单一二等水准路线的高程计算

与四等水准路线计算方法类似，只是精度比四等的高。

3. 二等水准网测量精度估算

进行精度估算是评定水准测量的精度，并为水准网的平差提供确定路线观测高差权的参考数据。

4. 水准网严密平差计算

1）方法：平差原理最小二乘法。

2）方式：采用软件。

5.5.4 二等水准测量误差

1. 二等水准测量主要误差

二等水准测量主要误差：i 角误差，φ 角误差（光学水准仪），补偿器补偿误差（自动安平水准仪），地球曲率；仪器、标尺下沉，交叉误差，观测误差，外界影响等。

2. 二等水准测量误差预防

1）对仪器、标尺进行检验、校正，应满足规范要求。

2）选择好天气和时段，如阴天有微风，太阳出来 1h 后观测，视线高度下丝超过 0.3m 等。

3）i 角误差、地球曲率影响，采用前后视距不超过 50m，视距差不超过 1m，视距累计不超过 3m 来减弱其影响。

4）交叉误差、φ 角误差的预防：将三脚架沿测线分别放两脚于一边，另一脚放在另一边，下一站相反，交替进行，以减小其影响。

5）仪器、尺子下沉引起的误差，采用后—前—前—后或前—后—后—前方式减弱影响。

6）观测误差，除了有熟练的观测员、记录员之外，立尺员每站都要将尺底、尺垫顶面擦干净，保证测站合格。

5.5.5 基本概念

1. 正常水准面不平行改正

由于受到重力作用的影响，对水准面上的单位质点而言，高度不一样重力位能也不一样，由此产生的水准面不平行，称为正常水准面不平行改正。

2. 水准尺每米长度误差

水准尺实际 1m 和真长 1m 的较差，称为水准尺每米长度误差。

3. 仪器检验证书

为保证工程的质量，对于用于生产的测量仪器，都必须到各省的计量院，对使用的仪器进行质量检测，合格的仪器由计量院颁发仪器检验合格证书，并在仪器上贴上合格标签。

4. 平差软件

它是根据计算软件和测量平差基础编写出的测量平差软件。

5. 权

设有观测值 L_i（$i=1，2，3，\cdots，n$），它们的方差为 δ_i^2，任选一个不等于 0 的常数 a，则定义 $p_i=a/\delta_i^2$，称 p_i 为观测值 L_i 的权。

6. 条件平差

因为有了多余观测，观测图形的数据不满足图形的理论数据，这时就产生了一个条件方程，如闭合水准路线，高差之和理论上应为 0，但由于观测有误差，就产生闭合差。条件方程的个数＝观测的个数−必要观测的个数＝多余观测个数。条件平差就是根据条件方程结合最小二乘原理进行的数据处理的方法。

7. 间接平差

间接平差就是选取必要观测的个数作为未知数，列立 n 个误差方程，再根据最小二乘原理求解未知数。

8. 数字水准仪

由光、机、电、测量软件等组合在一起的仪器，用于水准测量的水准仪称为数字水准仪，数字水准仪必须配相应的条码尺才能进行水准测量。

9. 条码尺

条码尺是根据条码刻划原理，在水准尺尺面上刻划条码，供数字水准仪识别的尺子。

10. 精密水准测量

精密水准测量是指精度在二等、一等的水准测量。

11. 精密水准测量的应用

主要是大型工程、研究地球大小、变形监测等。

工作自测 5.6
自主学习任务单

5.6.1 二等水准测量的记录、计算和限差要求——自主学习任务单

一、学习任务

在学习二等水准测量的记录、计算和限差之前，一定要先预习好教材中的内容，注意训练要求，实际上就是将专业要求与书写相结合，大家一定会有较大的收获

任　务	自　评	自测标准	学习建议
数字书写		规范、整洁	平时多练习，熟能生巧
记录、计算		1. 记录	熟悉表格，每格填的内容，记录流程
		2. 计算	水准测量高差求法，计算模型，心算算法
限差		限差要求	限差要求的目的，限差的条款、应用

二、学习笔记

1. 二等水准记录与四等水准记录有何异同？

2. 联系课堂教学和训练，你有哪些收获？

5.6.2 二等水准路线的施测（光学水准仪）——自主学习任务单

一、学习任务

在学习二等水准路线的施测（光学水准仪）之前，一定要先预习好教材中的内容，注意仪器安全，通过训练二等水准路线的施测程序、观测方法、记录要求、限差应用、注意事项，对照学习，大家一定会有较大的收获

任　务	自　评	自 测 标 准	学 习 建 议
准备工作		各测站立尺点、仪器架设点在实地的标定	二等水准测量对视距及前后视距差的要求
观测		1. 观测程序	1. 平时多训练
		2. 观测速度	2. 记录者、观测者互学、互评
立尺		1. 姿势	
		2. 水准尺直立度	
四 等 水 准 测 量记录		1. 回报	1. 责任明确
		2. 表格填写	2. 多练习数字书写
		3. 数据计算	3. 多练习心算与巧算
		4. 限差应用	4. 将限差铭记在心，心中有数
协调、配合		各工作的协调、配合	协调、配合重要性

二、学习笔记

1. 从观测、协调、组织等方面讲述如何做好一站二等水准测量？

2. 联系课堂教学和训练，你有哪些收获？

5.6.3 二等水准路线的施测（数字水准仪）——自主学习任务单

一、学习任务

在学习二等水准路线的施测（数字水准仪）之前，大家一定要先预习好教材中的内容，注意仪器安全，通过训练二等水准路线的施测程序、观测方法、记录要求、限差应用、注意事项，对照学习，大家一定会有较大的收获

任　务	自　评	自测标准	学习建议
准备工作		各测站立尺点、仪器架设点在实地的标定	二等水准测量对视距及前后视距差的要求
观测		1. 观测程序	1. 平时多训练
		2. 观测速度	2. 记录者、观测者互学、互评
立尺		1. 姿势	
		2. 水准尺直立度	
四等水准测量记录		1. 回报	1. 责任明确
		2. 表格填写	2. 多练习数字书写
		3. 数据计算	3. 多练习心算与巧算
		4. 限差应用	4. 将限差铭记在心，心中有数
协调、配合		各工作的协调、配合	协调、配合重要性

二、学习笔记

1. 从观测、协调、组织等方面讲述如何做好一站二等水准测量？

2. 联系课堂教学和训练，你有哪些收获？

5.6.4 〉二等水准测量数据处理——自主学习任务单

一、学习任务

在学习二等水准测量数据处理之前，一定要先预习好教材中的内容，注意记录手簿的保管，提前准备好水准测量高程计算表，对照学习，大家一定会有较大的收获，定能掌握二等水准测量数据处理相关理论知识

任　务	自　评	自测标准	学习建议
手簿检查		1. 记录整洁	平时多练习写字，才有鉴别
		2. 每站数据检查	学习记录要求
手簿数据计算		1. 每站数据计算，是否合格	视距差、视距差累计、高差、读数等限差要求及计算
		2. 测段往返高差及高差之差、路线高差、视距累计差、限差	水准规范
		3. 判断测段及路线成果是否合格	水准规范
高差计算		1. 表格绘制	
		2. 数据填写及水准路线略图绘制	如何填写
		3. 闭合差计算及分配	闭合差、改正数理论
		4. 高程计算	高程计算理论
		5. 水准网精度概算	

二、学习笔记

1. 简述二等水准测量数据处理过程

2. 联系课堂教学和训练，你有哪些收获？

工作任务 6 ▶

水准仪的检校

《国家三、四等水准测量规范》（GB/T 12897—2009）规定，对于水准测量的水准仪及水准尺应做如下的检验，见表 6-1、表 6-2。

表 6-1　普通水准仪及水准尺检验项目

序号	仪　　器	检 验 项 目	新仪器	作业前
1	水准尺	标尺检视	+	+
2		标尺分划面弯曲差的测点	+	
3		标尺名义米长及分划偶然误差的测定	+	
4		一对水准尺零点不等差的测定	+	
1	水准仪	水准仪检视	+	+
2		圆水准器检验	+	+
3		自动安平补偿性能的检验	+	+
4		十字丝检校	+	+
5		i 角检校	+	+

表 6-2　精密水准仪及水准尺检验项目

序号	仪　　器	检 验 项 目	新仪器	作业前
1	水准尺	标尺检视	+	+
2		标尺上圆水准器的检校	+	+
3		标尺分划面弯曲差的测点	+	+
4		标尺名义米长及分划偶然误差的测定	+	+
5		一对水准尺零点不等差的测定	+	
6		标尺尺带拉力的检测	+	+
7		标尺温度膨胀系数的测定	+	
8		标尺中轴线与标尺底面垂直性的测定	+	
9	水准仪	水准仪检视	+	+
10		圆水准器检验	+	+
11		自动安平补偿性能的检验	+	+
12		十字丝检校	+	+
13		i 角检校	+	+
14		光学测微器隙动差和分划值的测定	+	+
15		视线观测中误差的测定	+	
16		视距乘常数的测定	+	
17		调焦运行差的测定	+	
18		气泡式水准仪交叉误差的检校	+	+

工作训练 6.1

水准仪的一般检校和水准尺检校

6.1.1 任务目标

1）圆水准器轴与竖轴平行的检验。
2）十字丝的中丝与竖轴 VV 相互垂直的检验。
3）水准尺的检校。

6.1.2 知识目标

1）描述水准仪一般的检验项目。
2）描述圆水准器与竖轴平行的检验过程。
3）描述十字丝的中丝与竖轴垂直的检验过程。
4）描述水准尺的检校项目和检校方法。

6.1.3 能力目标

1）具有对水准仪进行一般检视的能力。
2）具有检验圆水准器轴与竖轴平行、十字丝的中丝与竖轴垂直的能力。
3）具有能够判断水准仪是否可用的能力。
4）具有检校水准尺的能力。

6.1.4 素质目标

1）培养团队协作、吃苦耐劳的精神。
2）培养自主学习的能力。
3）树立互帮互学的精神。

6.1.5 训练内容

1）场地选择。
2）水准仪的一般检视。
3）圆水准器的检验，十字丝竖丝铅垂的检验。
4）水准尺的检校。
5）训练结束后，请上交合格的成果及自主学习任务单。

训练器具

水准仪 1 套、垂球 1 个。

训练方法

先配合教材和多媒体资源，完成自主学习；再进行圆水准器的检验；最后进行多次重复操作达到训练的目的。

训练指导

1. 水准仪的一般检视

1）对水准仪各光学部分、机械部分进行检测，判断仪器是否可用。

2）对三脚架的牢固性进行检测，判断三脚架是否可用。将检视结果填入表 6-3 中。

2. 圆水准器轴平行于仪器竖轴的检验与校正

（1）检验　如图 6-1 所示，用脚螺旋使圆水准器气泡居中，此时圆水准器轴处于竖直位置。如果仪器竖轴 VV 与 $L'L'$ 不平行，且交角为 α，那么竖轴与竖直位置便偏差 α 角，如图 6-1a 所示。将仪器绕竖轴旋转 180°，如图 6-1b 所示，圆水准器转到竖轴的左面，$L'L'$ 不但不竖直，而且与竖轴 VV 的交角为 α，显然气泡不再居中，而离开零点的弧长所对的圆心角为 2α。这说明圆水准器轴 $L'L'$ 不平行竖轴 VV，需要校正。

（2）校正　调整圆水准器下面的三个校正螺钉，使气泡向居中位置移动偏离量的一半，如图 6-1c 所示。这时，圆水准器轴 $L'L'$ 与 VV 平行。然后再用脚螺旋整平，使圆水准器气泡居中，竖轴 VV 则处于竖直状态，如图 6-1d 所示。校正工作一般都难于一次完成，需反复进行直至仪器旋转到任何位置圆水准器气泡皆居中时为止。

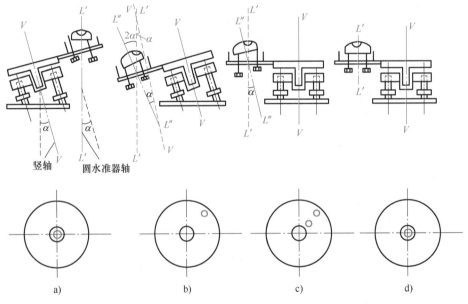

图　**6-1**

（3）注意事项

1）拨圆水准器校正螺钉前，应先松固紧螺钉，然后校正，使每个螺钉都拧紧，并使气泡居中。

2）拨水准管校正螺钉时，要先松紧，松紧适当。

3. 十字丝的竖丝与仪器竖轴的检验与校正

1）检验：安置仪器后，在离仪器适当的位置悬挂一垂球，先将竖丝顶端对准垂球线，如图 6-2 所示，如果竖丝和垂球线重合，说明满足要求，否则，应校正。

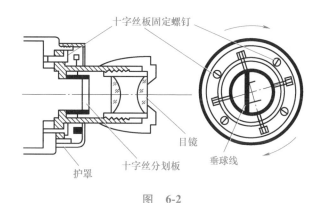

图　6-2

2）校正：校正方法因十字丝分划板座装置的形式不同而异。可用螺钉旋具松开分划板座固定螺钉，转动分划板座，使十字丝的竖丝和垂球线重合，即满足条件。也有卸下目镜处的外罩，用螺钉旋具松开分划板座的固定螺钉，拨正分划板座即可。

4. 水准尺的检校

（1）水准标尺上圆水准器安置正确性的检校　检验与校正：将水准仪安置、整平，在距水准仪 50m 处立标尺。扶持员按观测员的指挥，使标尺的边沿与十字丝竖丝重合，此时标尺圆水准器应居中。否则，应用改针调整圆水准器的改正螺旋使气泡居中。这时，说明在这个方向标尺圆水准器轴与标尺轴线已经平行。再将标尺旋转 90°，使标尺的边沿与十字丝竖丝重合，观察气泡是否居中并校正。如此反复进行多次，直至上述两个位置的标尺边沿与十字丝竖丝重合时，圆水准器气泡均居中为止。对于普通水准尺，无这项检验。

（2）一对标尺零点不等差的测定　水准尺的零分划应与标尺底面一致。否则，标尺底面不为零的误差，称为标尺零点差。一对水准尺的零点不等差是两标尺零点差之差。

测定：在地面上打三个木桩，木桩顶面钉圆帽钉，三个木桩顶面高差约为 20cm。三个木桩的编号分别为 A、B、C。在离木桩 20~30m 架设水准仪，整平，对于精密水准标尺，应观测三个测回，用光学测微器对基本分划和辅助分划各照准读数三次，在此过程中不得变动望远镜调焦，以上为一个测回，不同测回之间要变化仪器高度。对于普通水准标尺，进行两个测回。

设第一根标尺的基本分划零点差为 Δ_1，第二根标尺的基本分划零点差为 Δ_2，则零点差之差 Δ 为

$$\Delta = \Delta_1 - \Delta_2$$

如果测定 A 点→B 点→C 点的高差，因为是偶数站，无零点差的影响，设高差为 h，如果测定 A 点→C 点，因为是奇数站，则有零点差之差的影响，设高差为 h'。则零点差之差为

$$\Delta = h' - h$$

同理，可求出辅助分划的零点差之差。

对于普通水准尺零点差之差的测定方法同上。

将观测数据填入表 6-4 中，并进行计算。

6.1.9 思考题

1. 简述水准仪应满足的几何条件。
2. 简述圆水准器的检验过程。

表 6-3 一般检查记录

___年___月___日　　　　　　检查者：_____　　　　记录者：_____

检　验	检 查 项 目	检 查 情 况
三脚架	顶面平整度	
	连接螺旋	
	紧固螺旋	
	木质架腿	
	架腿伸缩	
水准仪	制动螺旋	
	微动螺旋	
	准星	
	三角底板	
	连接螺母	
总体判断		

表 6-4 一对水准标尺不等差及基辅分划（黑红分划）读数差常数的测定

标尺：＿＿＿＿＿＿＿＿＿＿　　　　　　　观测者：＿＿＿＿＿＿＿＿

日期：＿＿＿年＿＿＿月＿＿＿日　　　　　记录者：＿＿＿＿＿＿＿＿

仪器型号：＿＿＿＿＿＿＿＿　　　编号：＿＿＿＿＿＿＿　　检查者：＿＿＿＿＿＿＿＿

测回	桩号	标尺号：			标尺号：		
		基本（黑面）分划	辅助（红面）分划	基辅（黑红）读数差	基本（黑面）分划	辅助（红面）分划	基辅（黑红）读数差
1	A						
	B						
	C						
	平均						
2	A						
	B						
	C						
	平均						
3	A						
	B						
	C						
	平均						
总中数							

一对标尺基辅分划读数常数值：＿＿＿＿＿＿＿＿＿＿＿＿＿＿

一对水准尺零点不等差，基本（黑面）分划：＿＿＿＿＿＿＿＿辅助（红面）分划：＿＿＿＿＿＿

工作训练 6.2

水准仪 *i* 角检验

6.2.1 任务目标

1）布设检验场地。
2）完成水准仪 *i* 角检验考核，见附录 G。
3）根据观测数据，计算水准仪的 *i* 角。

6.2.2 知识目标

1）描述一种水准仪 *i* 角检验方法。
2）讲述 *i* 角检验步骤。
3）讲述 *i* 角计算。

6.2.3 能力目标

1）具有布设检验场地的能力。
2）具有观测数据，记录检验数据的能力。
3）具有计算 *i* 角并能判断 *i* 角是否满足要求的能力。

6.2.4 素质目标

1）培养团队协作、吃苦耐劳的精神。
2）培养自主学习的能力。
3）树立互帮互学的精神。

6.2.5 训练内容

1）场地布设，水准仪检验，观测数据的记录，*i* 角计算。
2）训练结束后，请上交合格的成果及自主学习任务单。

6.2.6 训练器具

水准仪 1 套、水准尺 2 个、尺垫、记录纸、铅笔、记录板、计算器 1 个。

6.2.7 训练方法

先配合教材和多媒体资源，完成自主学习；再进行 *i* 角检验并考核检验成果；最后，不断强化记录规范性。

6.2.8 训练指导

1. 场地布设

在平坦的地方，选择 A、B、C、D 四个点，使它们位于同一条直线上，并且使 $AC=CB$，如图 6-3 所示。

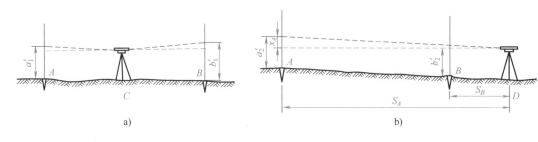

a)   b)

图　6-3

2. 观测

（1）检验　在 A、B 两点立水准尺，在 A、B 中点 C 安置水准仪，整平仪器。按照水准测量方法，照准 A 标尺读数 4 次。再照准 B 标尺，同样读数 4 次。求出 A 标尺上读数的平均值及 B 标尺上读数的平均值，设为 a_1'、b_1'，求出高差 $h_{AB}=a_1'-b_1'$。因仪器架在中点上，所以求得的高差无 i 角的影响，如图 6-3a 所示。再将仪器搬到 D 处整平仪器。照准 A 标尺读数 4 次。再照准 B 标尺，同样读数 4 次。求出 A 尺上读数的平均值及 B 尺上读数的平均值，设为 a_2'、b_2'，求得第二次高差 $h_{AB}'=a_2'-b_2'$。如果 $h_{AB}=h_{AB}'$，$h_1=h_2$，则条件满足，如果高差不相等，则应计算 i 角的大小，i 角计算公式为

$$i=\frac{h_{AB}'-h_{AB}}{S_A-S_B}\rho$$

注意：i 角检验在标尺上读数，只读基本分划（黑面分划）。

将检测数据填入表 6-5 中，并进行 i 角计算。

根据水准仪的型号不同，对 i 角的要求不同。对于 DS_1 型不能超过 15″，对于 DS_3 型不能超过 20″，对于超过要求的仪器应进行校正。

（2）校正

1）对于微倾式水准仪：如图 6-3 所示，转动微倾螺旋使中丝对准 A 点尺上正确读数（$a_2'-x_A$），此时视准轴处于水平位置，但管水准器气泡必然偏离中心。为了使水准管轴也处于水平位置，达到视准轴平行于水准管轴的目的，可用改针拨动水准管一端的上、下两个校正螺钉，如图 6-4 所示，使气泡的两个半像符合。在松紧上、下两个校正螺钉前，应稍旋松左、右两个螺钉，校正完再旋紧。

2）自动安平水准仪：通过改针拨动望远镜十字丝上下两个校正螺钉，使中丝读数为正确读数（$a_2'-x_A$）。在松紧上、下两个校正螺钉前，应稍旋松左、右两个螺钉，校正完再旋紧。

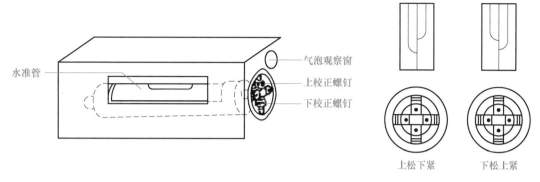

图 6-4

6.2.9 思考题

1. 对于 DS$_3$ 水准仪，如果 i 角为 20″，一站前后视距差为 3m，i 角对高差的影响是什么？如果视距累积差为 20m，i 角对高差的影响是什么？

2. 水准仪的 i 角检验方法较多，你能否列举一种方法，并进行描述吗？

表 6-5　计算 i 角误差检测

日期：____年____月____日　　　　　　　　　　　观测者：_____

检测仪器：_____　　　　　　编号：_____　　记录者：_____

成像：_____　　　　　　　　　　　　　　　检查者：_____

测站	观测次序	标尺读数		高差	i 角计算
		A 尺读数	B 尺读数		
中	1				
	2				
	3				
	4				
	中数				
边	1				
	2				
	3				
	4				
	中数				
观测略图					
评定					

工作训练 6.3

补偿性能的检测

6.3.1 任务目标

1）布设检验场地。
2）检验自动安平水准仪。
3）根据观测数据，计算水准仪的补偿性能参数。

6.3.2 知识目标

1）描述一种水准仪补偿性能检验方法。
2）讲述水准仪补偿性能检验步骤。
3）讲述补偿性能参数计算。

6.3.3 能力目标

1）具有布设检验场地的能力。
2）具有观测数据的能力。
3）具有记录数据的能力。
4）具有计算补偿性能参数的且能判断补偿性能是否满足要求的能力。

6.3.4 素质目标

1）培养团队协作、吃苦耐劳的精神。
2）培养自主学习的能力。
3）树立互帮互学的精神。

6.3.5 训练内容

1）场地布设，水准仪检验观测，观测数据的记录，补偿性能参数计算。
2）训练结束后，请上交合格的成果及自主学习任务单。

6.3.6 训练器具

水准仪及三脚架一套、水准尺、尺垫、记录纸、铅笔、记录板。

6.3.7 训练方法

先配合教材和多媒体资源，完成自主学习；再不断强化观测、记录规范性。

6.3.8 > 训练指导

1. 场地布设及仪器架设要求

在平坦的地方丈量一条 40~50m 的直线，在其两端 A、B 处放下两个尺垫并踩紧。在 A、B 两点的中间安置仪器，并使其两脚螺旋连线与 A、B 垂直，如图 6-5 所示。

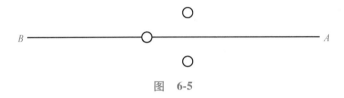

图　6-5

2. 观测

第一：在 A、B 两点立水准尺，在 A、B 中点安置水准仪，整平仪器，使圆水准器的气泡严格居中。照准 A 标尺，用十字丝中丝读数 4 次，取平均值，设为 $a_中$。然后，照准 B 标尺，用十字丝中丝读数 4 次，取平均值，设为 $b_中$。求出高差 $h_0 = a_中 - b_中$。

第二：旋转脚螺旋使圆水准器的气泡相切分划圆前沿，照准 A 标尺，用十字丝中丝读数 4 次，取平均值，设为 $a_前$。然后，照准 B 标尺，用十字丝中丝读数 4 次，取平均值，设为 $b_前$。求出高差 $h_前 = a_前 - b_前$。

第三：分别旋转脚螺旋使圆水准器的气泡相切分划圆的后沿、左沿、右沿，观测方法同上。分别计算出高差 $h_后$、$h_左$、$h_右$。

3. 计算

认为仪器架在中点上，气泡精确居中时，A、B 两点的高差为正确。则补偿误差为

$$\Delta\alpha_i = \frac{h_i - h_0}{D\alpha_i}\rho$$

式中　D——A、B 两标尺的距离（mm）；

　　　α_i——仪器倾斜补偿极限角度（′），一般 α_i 取 8′；

　　　i——前、后、左、右。

将检测结果填入表 6-6 中。

对于用于二等水准测量的自动安平水准仪补偿误差不能超过 0.2″，对于用于四等水准测量的自动安平水准仪补偿误差不能超过 0.5″，否则就需维修。

6.3.9 > 思考题

检验 i 角和补偿误差有何异同？

表 6-6　补偿性能检测

日期：___年___月___日

检测仪器：_____　　　　　　　编号：_____

成像：_____

观测者：_____

记录者：_____

检查者：_____

气泡位置	A 尺读数	B 尺读数	高差	补偿误差计算
中				
中数				
前				
中数				
后				
中数				
左				
中数				
右				
中数				
评价				

工作依据 6.4
水准仪检校相关知识

6.4.1 水准仪应满足的条件

根据水准测量原理，水准仪必须提供一条水平视线，才能正确地测出两点间的高差。水准仪应满足的条件是：基本轴系在结构上必须满足圆水准器轴平行竖轴（$L'L' /\!/ VV$），管水准器的水准轴平行视准轴（$LL /\!/ CC$），管水准器的水准轴垂直于竖轴（$LL \perp VV$），十字丝的中丝与竖轴 VV 相互垂直，如图 6-6 所示。

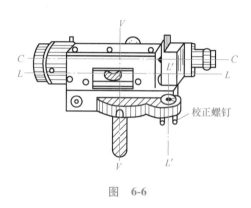

图 6-6

6.4.2 水准尺应满足的条件

水准尺应满足的条件是：水准尺必须无弯曲，每米的名义长度与真长相同，一对水准尺零点不等差不能过大，即尺底磨损较小。

6.4.3 仪器检验、校正

1. 目的和要求

由于仪器在长期使用和运输过程中受到振动和碰撞等原因，使各轴线之间的关系发生变化，若不及时检验校正，将会影响测量成果的质量。所以在水准测量之前，应对水准仪、水准尺进行认真的检验和校正。

2. 检校要求

1）水准仪经检校后，应满足表 6-7 的质量要求。

表 6-7　水准仪质量要求

仪器	等级	i 角	交 叉 角	补偿性能	圆水准器气泡
微倾式水准仪	S_1	15″	符合气泡异向分离小于 2mm		任意方向不能超过分划圈
	S_3	20″			
自动安平水准仪	S_1	15″		0.2″	
	S_3	20″		0.5″	

2）水准尺经检校后，应满足表 6-8 的质量要求。

表 6-8　水准标尺质量要求

水准尺	检 验 名 称	要　　求
普通水准尺	标尺 1m 名义长度与真长的差	≤0.5mm
	标尺分划面弯曲差（矢距）	≤8mm
	一对水准尺零点不等差	一测段采用偶数测站
精密水准尺	标尺 1m 名义长度与真长的差	≤0.15mm
	标尺分划面弯曲差（矢距）	≤4mm
	一对水准尺零点不等差	一测段采用偶数测站
	标尺上圆水准器	任意方向不能超过分划圈
条码水准尺	标尺 1m 名义长度与真长的差	≤0.10mm
	标尺分划面弯曲差（矢距）	≤4mm
	一对水准尺零点不等差	一测段采用偶数测站
	标尺上圆水准器	任意方向不能超过分划圈

6.4.4　基本概念

1. i 角、交叉角

1）视准轴投影在铅垂面上与水平线的夹角，称为 i 角。在水平线上的 i 为+，在水平线下的 i 为-。

2）视准轴、管水准器轴投影到水平面上的夹角，称为交叉角 φ。

2. 检验的基本思想

1）利用已知的，检验未知的，求出未知的。

2）根据未知之间的关系，求出未知的。

3. 水准尺零点差之差

水准尺由于底面磨损，零点发生改变，产生零点差，一对水准尺零点差的差值，称为一对水准尺零点差之差（零点不等差）。一对水准尺零点差之差可以采用偶数站消除。

6.4.5　i 角检校案例

i 角的检校记录、计算见表 6-9。

表 6-9　i 角的检验记录、计算

仪器：S_3　编号：3656	区格式木质标尺	观测者：×××
时间：8 时 40 分	标尺：A、B	记录者：×××
日期：2022. 10. 20	成像：清晰	检查者：×××

测站	观测程序	标尺读数/mm		高差/mm	计　　算
		A 尺读数	B 尺读数		
C	1	1431	1613	−181	D 站至 A、B 标尺距离 $S_A = 41.2\text{m}$ $S_B = 20.6\text{m}$ $\Delta = h' - h = -177\text{mm} - (-181\text{mm}) = 4\text{mm}$ $i'' = \dfrac{\Delta\rho}{S_A - S_B} = \dfrac{0.004 \times 206265''}{41.2 - 20.6} = 40''$
	2	1432	1612		
	3	1430	1611		
	4	1431	1612		
	中数	1431	1612		
D	1	1546	1724	−177	校正后 A、B 标尺正确读数为 $a_2 = a_2' - x_A = [1547 - 4 \times 41.2/(41.2 - 20.6)]\text{mm} =$ 1539mm $b_2 = b_2' - x_B = [1724 - 4 \times 20.6/(41.2 - 20.6)]\text{mm} =$ 1720mm
	2	1547	1723		
	3	1548	1724		
	4	1547	1725		
	中数	1547	1724		
检验略图	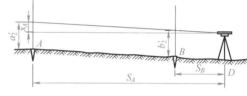				

工作自测 6.5

自主学习任务单

6.5.1 水准仪的一般检校和水准尺检校——自主学习任务单

一、学习任务

在学习水准仪的一般检校和水准尺检校之前，一定要先预习好教材中的内容，注意仪器安全，通过训练水准仪的检验，熟知水准仪各轴系之间应满足的条件、注意事项。对照学习，大家一定会有较大的收获

任　　务	自　评	自测标准	学习建议
水准仪一般检视		1. 外观	旧伤的判断知识
		2. 各螺旋运转	自如旋转
圆水准器检验		1. 检验程序	检验方法
		2. 校正（气泡偏离）	气泡偏离格数要求
十字丝竖丝检验		1. 掉垂球线	注意安全
		2. 仪器整平	多练习
		3. 瞄准垂球线，判断十字丝竖丝是否和铅垂线重合	多练习照准
水准尺		1. 检验程序	检验方法
		2. 校正	气泡偏离格数要求

二、学习笔记

1. 从观测、协调、组织等方面讲述如何做好水准仪一般检校和水准尺的检校。

2. 联系课堂教学和训练，你有哪些收获？

6.5.2 > 水准仪 i 角检验——自主学习任务单

一、学习任务

在学习水准仪 i 角检验之前，一定要先预习好教材中的内容，注意仪器安全，通过训练水准仪 i 角检验，知道观测方法、记录要求、限差应用、注意事项。对照学习，大家一定会有较大的收获

任 务	自 评	自 测 标 准	学 习 建 议
场地布设		满足检验	通过训练指导及多媒体素材进行学习，熟记观测程序，在实训室开放时间内多训练，熟能生巧
i 角检验观测		1. 仪器架设（两点中间）	水准测量误差来源及消除
		2. 仪器架设（两点之外）	水准测量误差来源
记录计算		1. 回报	责任明确
		2. 表格填写	多练习数字书写
		3. 数据计算	多练习心算与巧算
		4. 限差应用	将限差铭记在心，心中有数
协调、配合		各工作的协调、配合	协调、配合重要性

二、学习笔记

1. i 角检验的思路

2. 联系课堂教学和训练，你有哪些收获?

6.5.3 补偿性能的检测——自主学习任务单

一、学习任务

在学习补偿性能的检测之前，一定要先预习好教材中的内容，注意仪器安全，通过训练仪器补偿性能的检测，知道观测方法、记录要求、限差应用、注意事项。对照学习，大家一定会对仪器的性能有更全面的掌握

任　务	自　评	自测标准		学习建议
场地布设		点位布置		通过训练指导及多媒体素材进行学习，熟知布设
检测		1. 仪器架设		架设符合检测要求
		2. 观测程序		检测程序到位
记录、计算			1. 回报	责任明确
			2. 表格填写	多练习数字书写
			3. 数据计算	多练习心算与巧算
			4. 限差应用	将限差铭记在心，心中有数
协调、配合		各工作的协调、配合		协调、配合重要性

二、学习笔记

1. 水准仪补偿性能如何检测？要求是什么？

2. 联系课堂教学和训练，你有哪些收获？

工作任务 7 ▶

高程导线测量

工作训练 7.1

竖直角测量（中丝法、三丝法）及计算

7.1.1 任务目标

1）熟知观测场地和四个观测点。
2）完成观测四点的竖直角，2 测回考核，见附录 H。
3）根据观测数据，计算各点的竖直角。

7.1.2 知识目标

1）描述一测回竖直角观测过程。
2）描述什么是竖直角、指标差，知道不同仪器竖直角观测限差要求。
3）描述竖直角表格记录方法及竖直角的计算过程。

7.1.3 能力目标

1）具有经纬仪（全站仪）安置的能力。
2）具有进行竖直角观测、记录的能力。
3）具备团队合作的组织、协调能力。
4）具有判断成果是否合格及限差的应用能力。

7.1.4 素质目标

1）培养团队协作、吃苦耐劳的精神。
2）培养自主学习的能力。
3）充分认识到测量工作需要协调、合作、组织的重要性。

7.1.5 训练内容

1）竖直角观测，竖直角记录、计算。
2）竖直角限差应用，记录书写整洁、美观。
3）训练结束后，请上交合格的成果及自主学习任务单。

7.1.6 训练器具

经纬仪 1 套、记录纸、铅笔、记录板。

7.1.7 训练方法

先配合教材和多媒体资源，完成自主学习；进行一点一测回竖直角观测并完成考核；最后，不断强化记录训练。

7.1.8 训练指导

1. 对观测员的指导

1）将仪器架在测站上，对中、整平，量取仪器高至毫米。注意仪器高度、脚螺旋的旋转量。

2）使望远镜大致水平，看竖盘所对整数是多少，然后仰起望远镜看读数是增加还是减少。

当望远镜水平，读数为90°，望远镜上仰小于90°时，竖直角、指标差分别为

$$\alpha = \frac{R-L-180°}{2}, \quad i = \frac{360°-L-R}{2}$$

当望远镜水平，读数为90°，望远镜上仰大于90°时，竖直角、指标差分别为

$$\alpha = \frac{L-R-180°}{2}, \quad i = \frac{L+R-360°}{2}$$

3）第一点第一测回：盘左，瞄准第一个目标，调整指标水准器螺旋使水准器气泡居中，读出竖盘读数，注意精确照准目标时，微动螺旋是以旋进消除隙动差的影响。盘右，观测方法同盘左。

4）第一点第二测回：观测方法同第一测回。

注意：瞄准时，应将标志切在中丝（或上下丝）相同的位置上。

5）一个点所有测回观测完，并且满足限差要求后，才能观测其他点，其他点的观测同第一点。

2. 对记录员的指导

1）竖直角观测的主要技术要求见表 7-1［《工程测量标准》（GB 50026—2020）］。

表 7-1　竖直角观测主要技术要求

等　级	竖直角观测			
	仪器精度等级	测回数	指标差较差	测回较差
四等	2″级仪器	3	≤7″	≤7″
五等	2″级仪器	2	≤10″	≤10″
图根	6″级仪器	2	≤25″	≤25″

2）数据记录。

① 强调"回报"制，边报边记。

② 按记录要求进行（前面已讲述）。

③ 注意度、分、秒要有一定的间隔。

④ 根据竖盘刻划不同（顺时针、逆时针）采用不同的计算公式。

⑤ 竖直角有正负，千万不能将负号忘记写上。

⑥ 表头填写要齐全。

心算小技巧：

如顺时针刻划的度盘 $\hat{\alpha}_左=90°-L+i$，$\hat{\alpha}_右=R-270°-i$，在计算时：可以采用"补数"法进行计算，如果盘左读数小于90°，将其补成90°，如87°23′24″的补数为2°36′36″，该数即为盘左没有考虑指标差的竖直角 $\alpha_左$，角值为正，盘右读数则直接减，就得盘右没有考虑指标差的竖直角 $\alpha_右$。又如当盘左读数大于90°，直接减90°，如91°23′24″直接减得-1°23′24″，该数即为盘左没有考虑指标差的竖直角 $\alpha_左$，角值为负，盘右则按补数计算，就得盘右没有考虑指标差的竖直角 $\alpha_右$。

$$\hat{\alpha}=\frac{\alpha_左+\alpha_右}{2}, \quad i=\frac{\alpha_右-\alpha_左}{2}$$

对于竖盘逆时针刻划的仪器，心算方法同上。

3）将观测数据填入表 7-2 中，并进行计算。

垂直角测量（中丝法、
三丝法）及计算

7.1.9 思考题

测定竖直角的目的是什么？

表 7-2　竖直角观测记录手簿

点名：_____　　　　等级：_____　　　　仪器：_____　　　　编号：_____

天气：_____　　　____年___月___日　　开始：___时___分　　结束：___时___分

成像：_____　　　仪器至标石高：____　　观测者：_____　　　记录者：_____

瞄准点名 照准部位	度 盘 读 数		指标差	竖直角	备注
	盘左	盘右			
	(°) (′) (″)	(°) (′) (″)			

工作训练 7.2

普通高程导线测量

7.2.1　任务目标

1）熟知观测场地，选择一条附合（闭合）高程导线，中间选两个未知点，每四人在 2h 内观测一条高程导线测量。

2）根据给定的起算数据，计算未知点的高程。

3）完成一条线路三角高程考核，见附录Ⅰ。

7.2.2　知识目标

1）描述高程导线一站观测过程。

2）描述什么是附合（闭合）高程导线，知道高程导线测量限差要求。

3）描述高程导线测量记录方法及高差计算过程。

7.2.3　能力目标

1）具有进行高程导线测量实地踏勘、选点的能力。

2）具有进行高程导线施测、记录的能力。

3）具备施测的组织、协调的能力。

4）具有判断成果是否合格及限差的应用能力。

7.2.4　素质目标

1）培养团队协作、吃苦耐劳的精神。

2）培养自主学习的能力。

3）充分认识到测量工作需要协调、合作、组织的重要性。

7.2.5　训练内容

1）高程导线测量观测，高程导线测量记录。

2）高程导线测量限差应用，记录，点之记的绘制。

3）训练结束后，请上交合格的成果及自主学习任务单。

7.2.6　训练器具

全站仪（经纬仪）及三脚架 1 套、棱镜及对中杆、记录纸、铅笔、记录板。

7.2.7　训练方法

先配合教材和多媒体资源，完成自主学习；再进行一站高程导线观测并完成考核；

最后，不断强化记录训练。

7.2.8 训练指导

1）在已知点（未知点）上架设仪器，在未知点（已知点）架设对中杆的观测步骤（这种方法一般和平面导线同时进行，称为平高导线）：

① 将仪器安置在测站点上，对中、整平，量取仪器高至毫米。

② 在另一点上架设对中杆，读取对中杆的高度至毫米。

③ 测量竖直角。

④ 测量边长（如果边长已知可不测边长）。

⑤ 记录者应随时记录，并采取回报制度；若发现超限，应立即重测。

⑥ 每站测量成果合格后（合格就是所有需观测的数据观测完，所有记录、计算都完成且满足限差要求），即可搬站。

⑦ 施测期间不能离开仪器去办其他事情。

⑧ 注意在备注栏内注明点号。

⑨ 注意表格的整洁、记录的规范，表格各部分记录完整。

2）中间法观测步骤：

① 将全站仪安置在需求两点高差之间，使前后距离大致相等，对中、整平。

② 在需求高差的两点上架设对中杆，读取对中杆的高度至毫米。

③ 测量竖直角。

④ 测量边长。

⑤ 记录者应随时记录，并采取回报制度；若发现超限，应立即重测。

⑥ 每站测量成果合格后（合格就是所有需观测的数据观测完，所有记录、计算都完成且满足限差要求），即可搬站。

⑦ 施测期间不能离开仪器去办其他事情。

⑧ 注意在备注栏内注明点号。

⑨ 注意表格的整洁、记录的规范，表格各部分记录完整。

⑩ 将观测数据填入表 7-3 中。

3）三角高程测量的要求。三角高程测量的主要技术要求见表 7-4、表 7-5。

表 7-4　全站仪测距三角高程测量的主要技术要求

等级	每千米高差 全中误差/mm	边长/km	观测方式	对向观测 高差较差/mm	附合或环线 闭合差/mm
四等	10	≤1	对向观测	$\pm 40\sqrt{D}$	$\pm 20\sqrt{D}$
五等	15	≤1	对向观测	$\pm 60\sqrt{D}$	$\pm 30\sqrt{D}$

单向观测时，应考虑地球曲率和大气折光的影响。

表 7-5　经纬仪三角高程测量的主要技术要求

等级	仪器	总长 /km	竖直角测回数		指标差 较差/(")	竖直角 较差/(")	对向观测高 差较差/mm	附合或环形 闭合差/mm
			三丝法	中丝法				
普通	J_2	1.5	1	2	15	15	$\pm 200S$	$\pm 0.07 H_d \sqrt{n}$
图根	J_6			2	25	25	$\pm 400S$	$\pm 0.11 H_d \sqrt{D}$

注：1. S 为边长，单位 km；n 为边数；H_d 为等高距，以 m 为单位。

2. 单向观测时，应考虑地球曲率和大气折光的影响。

普通高程导线测量

7.2.9　思考题

1. 三角高程测量与水准测量有何异同？

2. 如果自己的小组在协调、组织、操作等方面出现问题，应该如何整改？

表 7-3　三角高程测量记录表

日期：＿＿年＿＿月＿＿日　　　　　仪器：＿＿＿＿＿　编号：＿＿＿＿＿　成像：＿＿＿＿＿

观测者：＿＿＿＿＿　　　　　　　记录者：＿＿＿＿＿计算者：＿＿＿＿＿

测段	距离读数值/m	竖盘读数		指标差	竖直角	仪器高	棱镜高	高差
		盘左	盘右					
		(°)(′)(″)	(°)(′)(″)					

工作训练 7.3
三角高程测量及高程计算

7.3.1　任务目标

1）熟知原始记录的检查。

2）从观测手簿中计算出各段直返觇高差、路线长度、计算闭合差，在各项检查合格后，绘制三角高程测量高程计算表。

3）熟知三角高程计算流程并进行高程计算。

7.3.2　知识目标

1）描述三角高程测量一站观测数据检查过程。

2）描述摘录数据过程。

3）描述直返觇高差计算过程。

7.3.3　能力目标

1）具有检查原始手簿是否合格的能力。

2）具有识别表格各项内容和填表的能力，特别是绘制三角高程路线略图的能力。

3）具有计算闭合差及判断是否合格的能力。

4）具有分配闭合差的能力和计算高程的能力。

5）具有汇总成果的能力。

7.3.4　素质目标

1）培养团队协作、吃苦耐劳的精神。

2）培养自主学习的能力。

3）互帮互学精神。

7.3.5　训练内容

1）手簿检查，高程计算表格绘制，三角高程路线略图绘制。

2）闭合差及限差计算，闭合差分配。

3）高程计算，成果汇编。

4）训练结束后，请上交合格的成果及自主学习任务单。

7.3.6　训练器具

三角高程测量观测手簿、三角高程计算表、2H 或 3H 铅笔等。

7.3.7 训练方法

先配合教材和多媒体资源，完成自主学习；再不断强化高程测量及计算。

7.3.8 训练指导

1. 手簿检查

（1）手簿书写规范检查

1）检查内容：是否便于识别，是否有字改字、涂黑、缺页、连环涂改、橡皮涂擦等现象。

2）判断：不能识别，有厘米、毫米、连环涂改，橡皮涂擦的手簿为不合格手簿，不能使用。

（2）测站数据检查

1）从第一站开始，重新再独立计算每一站，进行计算正确性检查。

2）判断：如原计算错误应进行改正，注意不是对原始数据进行涂改。

（3）累计测段数据检查

1）计算直返觇高差、测段平均高差、距离，然后再求线路闭合差。

2）判断：若闭合差超限，应重新观测该路线。

2. 绘制三角高程路线略图

在表中略图处及计算栏中绘制三角高程路线略图。绘制略图应注意以下几点：

1）标明已知点、未知点的点号及已知点的高程，高程以 m 为单位。

2）标明各测段的高差、距离、方向（用箭线表示），高差以 m 为单位，距离以 m 为单位标注。

3）结合略图，按表填写数据。

4）计算表见表 7-6。

3. 测段高差的计算

直觇：$h_{AB}=S_{AB}\tan\alpha_{AB}+i_A-v_B+f_{AB}$，返觇：$h_{BA}=S_{AB}\tan\alpha_{BA}+i_B-v_A+f_{BA}$，直返觇的限差按表 7-4 计算，满足要求后，计算测段平均值（因 $f_{AB}=f_{BA}$）：

$$\bar{h}_{AB}=(h_{AB}-h_{BA})/2=\left[(S_{AB}\tan\alpha_{AB}+i_A-v_B)-(S_{BA}\tan\alpha_{BA}+i_B-v_A)\right]/2$$

由上可知：对于直返觇观测，不需查球气差的大小。

4. 闭合差及限差计算

1）闭合差：$f_h=H_{起}+\sum\bar{h}-H_{终}$。

2）限差计算：按表 7-4、表 7-5 要求计算。

5. 每段高差改正数及改正后高差计算

1）改正数：

$$v_i=-\frac{f_h}{\sum S}S_i$$

2）改正后高差计算：

$$\hat{h}=\bar{h}+v_i$$

6. 计算待定点的高程

待定点高程的计算：

$$H_i = H_{i-1} + \hat{h}$$

7.3.9 > 思考题

某经纬仪图根三角高程测量数据整理见表7-6，试计算各段的高差，并计算高差总和，起点的高程是79.326m，终点的高程是93.360m，试计算各点的高程。观测数据见表7-7。

表7-7　观测数据

路线	A_1—A_2		A_1—A_3		A_1—A_4		A_1—A_5	
觇法	直觇	返觇	直觇	返觇	直觇	返觇	直觇	返觇
α/(°)(′)(″)	−0 27 42	0 32 26	0 37 32	−0 37 25	0 56 52	−0 54 43	2 34 09	−2 30 55
S/m	206.133	206.133	267.904	267.904	184.617	184.617	220.005	220.005
i/m	1.424	1.518	1.518	1.477	1.477	1.383	1.383	1.456
v/m	1.500	1.750	1.500	1.500	1.500	1.500	1.500	1.550
f/m	0.003	0.003	0.005	0.005	0.002	0.002	0.003	0.003
h/m								
Δh/m								
$\Delta h_{限}$/m								
$h_{中}$/m								

表 7-6　三角高程路线高程计算

计算者：_____　____年____月____日

点号	测段长度/m	观测高差/m	高差改正数/m	高程/m	备注
Σ					
略图及计算					

工作依据 7.4

高程导线测量相关知识

7.4.1 三角高程测量原理

三角高程测量的基本思想是根据由测站向照准点所观测的竖直角（或天顶距）和它们之间的水平距离，计算测站点与照准点之间的高差。这种方法简便灵活，受地形条件的限制较少，故适用于测定导线点的高程。导线点的高程主要是作为各种比例尺测图的高程控制的一部分。一般都是在一定密度的水准网控制下，用三角高程测量的方法测定导线点的高程。

1. 三角高程测量原理

如图 7-1 所示，在测站 A 点架设经纬仪，在照准点 B 立标尺，量取仪器高 i 和觇标高度 v，并测定其竖直角 α，即可求得 A、B 两点的高差 h_{AB}。S 为 AB 两点之间的水平距离，那么 A、B 两点之间的高差为

$$h_{AB} = S\tan\alpha + i - v$$

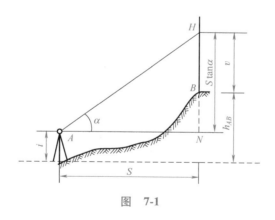

图　7-1

仪器架设在已知点上，观测由已知点到未知点之间的高差称为直觇；反之，在未知点设站，观测未知点到已知点之间的高差称为返觇。图 7-1 所示中，若 A 点是已知点，则 h_{AB} 为直觇高差，h_{BA} 为返觇高差，A、B 两点的平均高差 $\hat{h}$ 为

$$\hat{h} = \frac{h_{AB} - h_{BA}}{2}$$

2. 地球曲率和大气折光的影响

在上述三角高程测量的模型中，没有考虑地球曲率与大气折光对高差的影响。当距离较远时，必须考虑。

如图 7-2 所示，设 s_0 为 A、B 两点间的实测水平距离。仪器置于 A 点，仪器高度为 i_1。B 为照准点，砚标高度为 v_2，R 为参考椭球面上 $\widehat{A'B'}$ 的曲率半径。$\widehat{PE}$、$\widehat{AF}$ 分别为过 P 点和 A 点的水准面。$\overline{PC}$ 是 $\widehat{PE}$ 在 P 点的切线，PN 为光程曲线。当位于 P 点的望远镜指向与 $\widehat{PN}$ 相切的 PM 方向时，由于大气折光的影响，由 N 点射出的光线正好落在望远镜的横丝上。这就是说，仪器置于 A 点测得 P、M 间的竖直角为 α_{12}。

由图 7-2 可明显地看出，A、B 两地面点间的高差为

$$h_{12} = BF = MC + CE + EF - MN - NB$$

式中　EF——仪器高 i_1，由图 7-2 可知 $EF = AP$；

　　　NB——照准点的砚标高度 v_2；

CE 和 MN——地球曲率和折光影响，其模型为

球差：
$$CE = \frac{1}{2R}s_0^2$$

折光：
$$MN = \frac{1}{2R'}s_0^2$$

式中　R'——光程曲线 $\widehat{PN}$ 在 N 点的曲率半径。设 $\dfrac{R}{R'} = K$，则

$$MN = \frac{1}{2R'}\frac{R}{R}s_0^2 = \frac{K}{2R}s_0^2$$

K 称为大气垂直折光系数。

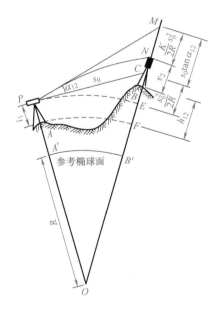

图　7-2

由于 A、B 两点之间的水平距离 s_0 与曲率半径 R 之比很小（当 $s_0 = 10\text{km}$ 时，s_0 所对的圆心角仅 $5'$ 多一点），故可认为 PC 近似垂直于 OM，即认为 $\angle PCM \approx 90°$，这样 $\triangle PCM$

可视为直角三角形。则 MC 为

$$MC = s_0\tan\alpha_{12}$$

则 A、B 两地面点的高差为

$$h_{12} = s_0\tan\alpha_{12} + \frac{1}{2R}s_0^2 + i_1 - \frac{K}{2R}s_0^2 - v_2$$

$$= s_0\tan\alpha_{12} + \frac{1-K}{2R}s_0^2 + i_1 - v_2$$

令式中 $\frac{1-K}{2R}s_0^2 = f$，一般称为球气差系数，则 A、B 两地面点的高差为

$$h_{12} = s_0\tan\alpha_{12} + i_1 - v_2 + f$$

式中竖直角 α_{12}、仪器高 i_1 和觇标高 v_2 均可由外业观测得到，s_0 为实测的水平距离。

一般要求三角高程测量进行对向观测，也就是在测站 A 上向 B 点观测竖直角 α_{12}，而在测站 B 上也向 A 点观测竖直角 α_{21}。

由测站 A 观测 B 点：

$$h_{12} = s_0\tan\alpha_{12} + i_1 - v_2 + f$$

则测站 B 观测 A 点：

$$h_{21} = s_0\tan\alpha_{21} + i_2 - v_1 + f$$

当取两者的平均值作为最后高差值时有

$$h_{12(\text{对向})} = \frac{s_0}{2}(\tan\alpha_{12} - \tan\alpha_{21}) + \frac{1}{2}(i_1 - v_2) - \frac{1}{2}(i_2 - v_1)$$

为了计算方便，在表 7-8 中列出了不同距离时的地球曲率与大气折光的影响，其中 $K = 0.14$。

表 7-8　球气差的大小

s_0/m	100	500	1000	1500
f/mm	1	17	67	152
s_0/m	2000	2500	3000	3500
f/mm	270	422	607	827

7.4.2　三角高程测量的技术要求

1. 电磁波测距三角高程测量

由于电磁波测距仪的发展迅速，不但其测距精度高，而且使用十分方便，可以同时测定边长和竖直角，提高了作业效率，因此，利用电磁波进行三角高程测量已相当普遍。根据实测试验表明，当竖直角观测精度 $m_\alpha \leqslant \pm 2.0''$，边长在 2km 范围内，电磁波测距三角高程测量完全可以替代四等水准测量。各等级电磁波测距三角高程测量的主要技术要求见表 7-9。

表7-9　电磁波测距三角高程测量的主要技术要求

等级	仪器精度等级	竖直角观测			边长测量	
		测回数	指标差较差/(")	测回较差/(")	仪器精度等级	观测次数
四等	2"级仪器	3	≤7	≤7	10mm级仪器	往返各一次
五等	2"级仪器	2	≤10	≤10	10mm级仪器	往一次

2. 经纬仪三角高程测量

经纬仪三角高程测量，一般分为两个等级，一级路线边数不超过7条，起算点为四等高程点；二级（图根）路线边数不超过15条，起算点精度为四等或一级三角高程点，对于单一三角高程路线和三角高程网，各边的竖直角均应进行对向观测；对于独立三角高程点，必须有3个合格的单觇观测成果取中数，经纬仪三角高程测量中，仪器高和觇标高，应用钢尺准确量至0.5cm。各级经纬仪三角高程测量的主要技术要求见表7-5。

7.4.3 三角高程测量实施流程

1. 收集四等水准测量资料

对测区已测的四等水准测量成果进行收集，主要是四等水准点的高程和点位及水准路线图等。

2. 人员组织、踏勘选点、埋标、经纬仪和测距仪检验与校正

人员组织、踏勘选点同四等水准测量，对于三角高程测量的埋标，一般采用临时标，即木桩。经纬仪、测距仪的检验与校正在前面已述，这里不再赘述。

3. 三角高程测量

在地势起伏较大的测区内，可在四等水准点上布设图根三角高程控制，三角高程发展层次一般不多于两级，一级启闭于水准测量的固定点，二级在一级的基础上进行加密。

以交会定点的方法测定图根点高差，可由几个已知高程的平面控制点，用三角高程测量方法独立交会测定未知点的高程。

三角高程测量外业观测主要是观测竖直角（天顶距）和距离，其次是量出仪器高和目标高，为了防止测量差错和提高观测精度，凡组成三角高程路线的各边，应进行直返觇观测，即对向观测。

（1）直觇　如图7-3所示，从已知高程点 A 观测未知高程点 B，测定距离 s_0、竖直角 α_{AB}、仪器高 i_A 和目标高 v_B。

（2）返觇　如图7-3所示，从未知高程点 B 观测已知高程点 A，测定距离 s'_0、竖直角 α_{BA}、仪器高 i_B 和目标高 v_A。

由直返觇求得同一条边的高差不符值不得超过表7-4、表7-5的要求，当符合要求后，取平均高差。案例见表7-10。

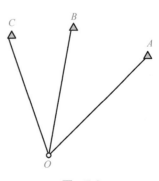

图　7-3

表 7-10　三角高程高差计算

所求点	1		2	
起算点	A	A	1	1
觇法	直觇	返觇	直觇	返觇
竖直角/(°)(′)(″)	+4　30　06	−4　18　12	−11　50　18	+12　14　00
s_0/m	375.108	375.108	162.554	162.554
$s_0\tan\alpha$/m	+29.553	−28.226	−34 073	+35.249
i/m	1.500	1.400	1.45	1.50
v/m	1.800	2.400	2.60	1.50
f/m	0.009	0.009	0.002	0.002
h/m	29.242	29.217	−35.221	+35.251
平均高差/m	29.230		−35.236	
略图				

（3）中间觇法观测　目前，随着测距技术的发展，精度的提高，一级测距仪、全站仪的普及，三角高程测量是高程控制测量的一种有效手段。应用中间觇法来进行三角高程测量，较直返觇有较强的灵活性与实用性。其特点表现在：

1）测站不需对中，不需量取仪器高。

2）采用适当方法，可不量取觇标高。

3）测站选在中部时，可减弱大气折光的影响。

4）减小劳动强度、提高作业速度等。

如图 7-4 所示，为求 A、B 两点间的高差，将仪器置于 A、B 两点大致中间位置的 D 点处；A、B 处安置棱镜，用测距仪观测斜距，用经纬仪观测竖直角（天顶距），量取棱镜高。则 A、B 两点的高差为

$$h_{AB} = S_B\cos z_B - S_A\cos z_A + f_B - f_A + v_A - v_B$$

中间觇法观测三角高差时，每一站均应独立观测两次，满足要求后，取其平均值作为最后成果，即

$$h_{AB} = \frac{h'_{AB} + h''_{AB}}{2}$$

式中　h'_{AB}、h''_{AB}——第一次、第二次观测高差。

7.4.4　三角高程测量数据处理

1. 检查手簿，并录取数据

对观测手簿进行检查，当检查合格后，可进行观测数据的录入，并绘制三角高程路线图。

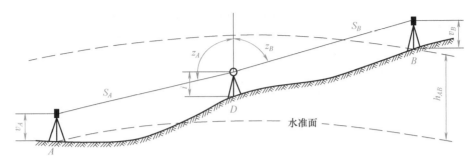

图　7-4

2. 计算高差

高差计算都是在表中进行的，见表 7-11。

3. 高差闭合差的计算与调整

三角高程路线闭合差的计算、调整与水准路线高差闭合差的基本相同：

附合三角高程路线闭合差：

$$f_h = \sum h - (H_A - H_B)$$

闭合三角高程路线闭合差：

$$f_h = \sum h$$

式中　$\sum h$——路线各站高差总和；

　　　H_A——路线起点高程；

　　　H_B——终点高程。

当高程闭合差不超过表 7-4、表 7-5 的要求时，将闭合差反号按与边长成正比进行调整，其改正数按下式计算：

$$v_i = -\frac{f_h}{\sum S} S_i$$

式中　$\sum S$——路线上各边水平距离之和；

　　　S_i——第 i 条边的水平距离。

4. 高程计算

从路线起点出发，根据改正后的高差，逐点计算各点的高程，见表 7-11。

7.4.5　三角高程测量的误差分析及预防措施

三角高程测量的误差主要体现在以下方面：

1. 竖直角的测角误差

测角误差中包括观测误差、仪器误差及外界条件影响。观测误差中有照准误差、读数误差及竖盘指标水准器居中误差等。仪器误差有竖盘分划误差。外界条件影响主要是大气折射，空气对流、空气能见度等也会影响瞄准精度。通过大量实践证明 J_6 经纬仪用中丝法两测回的竖直角测角误差约为 $\pm 15''$。为了预防竖直角的测角误差，在观测过程中，应选择气温较稳定、空气能见度较高时观测，观测中严格按规范进行。竖直角测定误差对三角高程测量的影响与推算边高差的边长或路线的平均边长及总长有关，边长或总长越长，影响越大。

表 7-11　三角高程计算

点号	路线长度 S/m	观测高差 h_i/m	高差改正数 v/m	改正后高差 h_i'/m	高程 H/m	备注
1	2	3	4	5	6	7
A	1.4	−1.875	0.002	−1.873	140.765	
1					138.892	
	1.6	−3.440	0.003	−3.437		
2					135.455	
	1.0	+2.556	0.002	+2.558		
3					138.013	
	2.2	+9.786	0.004	+9.790		
4					147.803	
	0.9	+3.596	0.001	+3.597		
B					151.400	
Σ	7.1	10.623	0.012			
计算	计算：f_h = 10.623m−(151.400−140.765)m = −0.012m；限差 = ±20×$\sqrt{7.1}$ mm = ±53mm。由于闭合差在限差内，因此，可进行高程计算					

2. 边长误差

边长误差的大小取决于测量的方法。例如采用光电测距，边长精度较高，同样采用解析法测定的控制点，也比较高，而视距法测定的边长，其精度仅为 1/300，边长精度较低，因此视距三角高程测量不能作为控制之用，仅作为碎部测量之用。

3. 折射系数的误差

折射系数的误差是指由于同一地段由于时间关系其温度、大气压力、大气湿度不同，因而折射率不同，由此而产生的误差。

4. 仪器高 i 和目标高 v 的测定误差

i 及 v 的测定误差，对于用于测定地形的三角高程点，仅要求到达厘米级，这对于量取仪器高和目标高是较容易达到的，这两项误差不是三角高程测量的主要误差。但 i 及 v 的测定仍需认真，以防马虎而产生错误，计算时不能将各站的 i、v 混淆。

5. 基本概念归纳

1）竖直角：在同一铅垂面内，照准方向线与水平线的夹角，称为竖直角（垂直角）。照准方向线在水平线之上时，称为仰角，角值为正；照准方向线在水平线之下时，称为俯角，角值为负，常用 α 表示。竖直角的角值范围为 0°～±90°。

2）中丝法、三丝法：用经纬仪（全站仪）的中丝测量作为瞄准目标进行竖直角观测，这种方法就是中丝法。用经纬仪（全站仪）中丝、上丝、下丝作为瞄准目标进行竖直角观测，这种方法就是三丝法。

3）测回：对一个目标盘左观测竖直角，盘右再观测该目标的竖直角，盘左、盘右称一个测回。

4）竖盘指标差：由于仪器加工误差等影响，当望远镜视线水平，指标水准管气泡居中时，竖盘指标不是刚好指在 90°（270°），而是与它们相差 x 角。该角值称为竖盘指标差。

5）球气差：由于地球曲率半径及大气折射对测量高差的共同影响，称为球气差。

6）附合三角高程路线：从一高级高程点出发，沿着各待定点进行三角高程测量，最后附合到另一高级高程点上，所形成的三角高程路线。

7）闭合三角高程路线：从一高级高程点出发，沿着各待定点进行三角高程测量，最后回到该高级高程点上，所形成的环状路线。

工作自测 7.5

自主学习任务单

7.5.1 竖直角测量（中丝法、三丝法）及计算——自主学习任务单

一、学习任务

在学习竖直角测量（中丝法、三丝法）及计算之前，一定要先预习好教材中的内容，注意仪器安全，通过训练竖直角测量、观测方法、记录要求、限差应用、注意事项。对照学习，大家一定会有较大的收获

任　务	自　评	自测标准	学习建议
仪器架设		仪器安置	通过训练指导及多媒体素材进行学习，熟记观测程序，在实训室开放时间内多训练，熟能生巧
垂直角观测		1. 观测程序	竖直角观测方法
		2. 一点一测回成果	竖直角观测程序
		3. 两测回的比较	竖直角观测技术指标
垂直角记录		1. 回报	责任明确
		2. 表格填写	多练习数字书写
		3. 数据计算	熟记竖直角、指标差计算公式
		4. 限差应用	将限差铭记在心，心中有数
协调、配合		各工作的协调、配合	协调、配合重要性

二、学习笔记

1. 从观测、协调、组织等方面讲述如何做好竖直角测量？

2. 联系课堂教学和训练，你有哪些收获？

7.5.2 普通高程导线测量——自主学习任务单

一、学习任务

在学习普通高程导线测量之前，一定要先预习好教材中的内容，注意仪器安全，通过训练普通高程导线测量、观测方法、记录要求、限差应用、注意事项。对照学习，大家一定会有较大的收获

任　务	自　评	自测标准	学习建议
准备工作		选定高程导线测量路线	学习规范中高程导线测量
仪器观测		1. 仪器高量取，竖直角观测	平时多训练
		2. 距离测量	规范距离测量
对中杆		1. 安置对中杆	
		2. 守护对中杆	安全规程
高程导线测量记录		1. 回报	责任明确
		2. 表格填写	多练习数字书写
		3. 数据计算	多练习心算与巧算
		4. 限差应用	将限差铭记在心，心中有数
协调、配合		各工作的协调、配合	协调、配合重要性

二、学习笔记

1. 从观测、协调、组织等方面讲述如何做好一站三角高程测量？

2. 联系课堂教学和训练，你有哪些收获？

7.5.3 三角高程测量及高程计算——自主学习任务单

一、学习任务

在学习三角高程测量高程计算之前，一定要先预习好教材中的内容，注意记录手簿的保管，提前准备好三角高程测量高程计算表。对照学习，大家一定会有较大的收获，定能掌握三角高程测量高程计算数据处理的相关理论知识

任　务	自　评	自测标准	学习建议
手簿检查		1. 记录整洁	平时多练习写字，才有鉴别
		2. 每站数据检查	学习记录要求
手簿数据计算		1. 每站数据计算，是否合格	视距差、视距差累计、高差、读数等限差要求及计算
		2. 测段直返觇高差及高差之差、路线高差计算	三角高程计算原理
		3. 判断测段及路线成果是否合格	三角高程规范
高差计算		1. 表格绘制	
		2. 数据填写及高程路线略图绘制	如何填写
		3. 闭合差计算及分配	闭合差、改正数理论
		4. 高程计算	高程计算理论

二、学习笔记

1. 简述高程导线测量高程计算过程。

2. 联系课堂教学和训练，你有哪些收获?

附录 职业技能考评

附录 A

水准仪架设及读数考评评分细则

专业：**工程技术**   工种：**测量员**   等级：**一级**   姓名：_____

编号	GCCL1001	行业领域	c	签订范围	测量一年级
考核时限	3min	题型	A	题分	100
开始时间		结束时间		得分	
试题名称	水准仪架设及读数				
需要说明的问题和要求	1. 熟知水准仪架设高度要求 2. 熟知圆水准器整平程序				
工具、材料、设备场地	1. 水准仪 1 套 2. 校园实训基地				

	序号	步骤名称	质量要求	满分	评分标准	扣分原因	得分
评分标准	1. 开工前的准备	1.1 工器具及材料准备	按时领取仪器设备，遵守实训室规章制度，表格、铅笔准备齐全	10	作业工器具、材料等每缺一项扣 5 分，直至扣完		
	2. 工作执行情况	2.1 脚架升降及摆放	高度得当、摆放正确，架头大致水平、重心稳定，脚架和仪器连接正确	30	观测程序错误一项扣 10 分		
		2.2 圆水准器居中	操作方法正确，圆水准器在分划圈内、脚螺旋旋转圈数 1~3 圈、圆气泡在分划圈内	35	错误一处扣 5 分		
		2.3 站位及操作手法	站位位置正确、手法轻重得当	15	错误一处扣 5 分		
	3. 收工	3.1 提交成果	在规定时间内	10	成果错误扣 10 分		
考评员（签字）					总分		

附录 B

水准测量记录、高差考核相关表

表 B-1　水准测量记录、高差考核考评评分细则

专业：<u>工程技术</u>　　工种：<u>测量员</u>　　等级：<u>一级</u>　　姓名：_____

编号	GCCL1003	行业领域	c	签订范围	测量一年级
考核时限	10min	题型	A	题分	100
开始时间		结束时间		得分	
试题名称	水准测量记录、高差考核				
需要说明的问题和要求	1. 熟知四等水准测量记录程序 2. 理解测量记录要求 3. 会计算红黑读数之差 4. 熟知回报、记录程序 5. 每站观测数据及记录表见附录、附表				
工具、材料、设备场地	1. 记录表格 1 张，见表 B-2 2. 教室				

	序号	步骤名称	质量要求	满分	评分标准	扣分原因	得分
评分标准	1. 开工前的准备	1.1 工器具及材料准备	工器具、材料准备齐全	15	作业工器具、材料等每缺一项扣 5 分，直至扣完		
	2. 工作执行情况	2.1 记录	填入表格正确	35	观测程序错误一项扣 5 分		
		2.2 测站计算	测站各项计算正确	40	错误一处扣 5 分		
	3. 收工	3.1 提交成果	在规定时间内	10	成果错误扣 10 分		
考评员（签字）				总分			

　　观测数据由教师根据一页纸的测站数进行报数，学生记录计算。

表 B-2　四等水准测量观测记录手簿

测自：_____　　_____年____月____日　观测者：_____

时刻 始：_____　　天气：_____　记录者：_____

　　 末：_____　　成像：_____　检查者：_____

测站编号	后尺	下丝	前尺	下丝	方向及尺号	标尺读数		K+黑减红	高差中数	备注
		上丝		上丝		黑面	红面			
	后　视		前　视							
	视距差 d		∑d							
					后					
					前					
					后-前					
					后					
					前					
					后-前					
					后					
					前					
					后-前					
					后					
					前					
					后-前					
					后					
					前					
					后-前					
					后					
					前					
					后-前					

附录 C

水准测量相关表

表 C-1 一站水准测量考评评分细则

专业：<u>工程技术</u>   工种：<u>测量员</u>   等级：<u>一级</u>   姓名：＿＿＿＿＿＿＿＿

编号	GCCL1002	行业领域	c	签订范围	测量一年级
考核时限	10min	题型	A	题分	100
开始时间		结束时间		得分	
试题名称	一站水准测量				
需要说明的问题和要求	1. 熟知仪器架设程序 2. 熟知仪器操作程序 3. 熟知读数程序 4. 熟知回报、记录程序 5. 分别考核观测者和记录者				
工具、材料、设备场地	1. 水准仪 1 套 2. 2H 或 3H 铅笔 1 支 3. 记录表格 1 张，见表 B-1 4. 需扶尺 2 人 5. 校园实训基地				

	序号	步骤名称	质量要求	满分	评分标准	扣分原因	得分
评分标准	1. 开工前的准备	1.1 工器具及材料准备	按时领取仪器设备，遵守实训室规章制度，表格、铅笔准备齐全	10	作业工器具、材料等每缺一项扣 5 分，直至扣完		
	2. 工作执行情况	2.1 仪器架设	仪器架设正确	20	观测程序错误一项扣 5 分		
		2.2 望远镜瞄准	望远镜操作及瞄准操作正确	25	错误一处扣 5 分		
		2.3 读数	读数正确	20	错误一处扣 5 分		
		2.4 回报及记录计算	应回报，记录对于相应表格栏、数据满足要求	15	错误一处扣 2 分		
	3. 收工	3.1 提交成果	在规定时间内	10	成果错误扣 10 分		
考评员（签字）				总分			

表 C-2　四等水准测量观测记录手簿

测自：_____　　____年____月____日　　观测者：_____

时刻 始：_____　　天气：_____　　记录者：_____

　　　末：_____　　成像：_____　　检查者：_____

测站编号	后尺 / 后视 / 视距差 d		前尺 / 前视 / ∑d		方向及尺号	标尺读数		K+黑减红	高差中数	备注
	下丝	上丝	下丝	上丝		黑面	红面			
					后					
					前					
					后-前					
					后					
					前					
					后-前					
					后					
					前					
					后-前					
					后					
					前					
					后-前					
					后					
					前					
					后-前					
					后					
					前					
					后-前					

附录 D

四等水准路线测量考核相关表

表 D-1 四等水准路线高程计算考评评分细则

专业：**工程技术**　　　工种：**测量员**　　　等级：**二级**　　　姓名：_____

编号	GCCL1005	行业领域	c	签订范围	测量一年级
考核时限	90min	题型	B	题分	100
开始时间		结束时间		得分	
试题名称	四等水准路线测量高程计算				
需要说明的问题和要求	1. 会在观测手簿上摘录数据 2. 熟知水准路线平差原理 3. 会单一水准路线高程计算 4. 水准路线记录手簿见表 D-3 5. 会手绘水准路线计算表格				
工具、材料、设备场地	1. 铅笔 2H 或 3H 1 支 2. 计算器 1 个 3. 教室				

	序号	步骤名称	质量要求	满分	评分标准	扣分原因	得分
评分标准	1. 开工前的准备	1.1 工器具及材料准备	工器具、材料准备齐全	15	作业工器具、材料等每缺一项扣 5 分，直至扣完		
	2. 工作执行情况	2.1 数据摘录	测段高差计算正确	20	摘录及测段高差计算错误一项扣 5 分		
		2.2 记录计算情况	闭合差计算正确	20	错误一处扣 20 分		
		2.3 闭合差、高程计算	闭合差分配及高程计算正确	35	错误一处扣 5 分		
	3. 收工	3.1 提交成果	在规定时间内	10	成果错误扣 10 分		
考评员（签字）				总分			

计算单一四等附合水准路线各点的高程。

1）已知 BM1 的高程为 22.280m，BM2 的高程为 22.370m。

2）观测数据见表 D-2。

表 D-2　观测数据

起点	终点	高差/m	距离/km	起点	终点	高差/m	距离/km
BM1	A	2.368	1.26	C	D	1.156	1.23
A	B	-1.265	2.12	D	E	-2.152	2.31
B	C	-2.018	1.236	E	BM2	-2.030	1.80

表 D-3　水准路线高程计算

点号	路线长度 L/km	观测高差 h_i/m	高差改正数 v/m	改正后高差 h_i'/m	高程 H/m	备注
Σ						
略图及计算						

附录 E

精密水准仪架设及读数考评评分细则

专业：<u>工程技术</u>　　工种：<u>测量员</u>　　等级：<u>一级</u>　　姓名：_____

编号	GCCL1006	行业领域	c	签订范围	测量二年级
考核时限	3min	题型	A	题分	100
开始时间		结束时间		得分	
试题名称	精密水准仪架设及读数				
需要说明的 问题和要求	1. 熟知精密水准仪架设高度要求 2. 熟知圆水准器整平程序				
工具、材料、 设备场地	1. 精密水准仪 1 套 2. 校园实训基地				

	序号	步骤名称	质量要求	满分	评分标准	扣分原因	得分
评分 标准	1. 开工前 的准备	1.1 工器具 及材料准备	按时领取仪器设备， 遵守实训室规章制度， 表格、铅笔准备齐全	10	作业工器具、 材料等每缺一 项扣 5 分，直 至扣完		
	2. 工作执 行情况	2.1 脚架升 降及摆放	高度得当、摆放正确， 架头大致水平、重心稳 定，脚架和仪器连接 正确	30	观测程序错 误一项扣 10 分		
		2.2 圆水准 器居中	操作方法正确，圆水 准器在分划圈内、脚螺 旋旋转圈数 1～3 圈、圆 气泡在分划圈内	35	错误一处扣 5 分		
		2.3 站位及 操作手法	站位位置正确、手法 轻重得当	15	错误一处扣 5 分		
	3. 收工	3.1 提交成果	在规定时间内	10	成果错误扣 10 分		
考评员（签字）					总分		

附录 F

一测站高差精密水准测量考核相关表

表 F-1　一测站高差精密水准测量考评评分细则

专业：**工程技术**　　工种：**测量员**　　等级：**一级**　　姓名：_____

编号	GCCL1007	行业领域	c	签订范围	测量二年级
考核时限	10min	题型	A	题分	100
开始时间		结束时间		得分	
试题名称	一测站高差精密水准测量				
需要说明的问题和要求	1. 熟知精密仪器架设程序 2. 熟知仪器操作程序 3. 熟知读数程序 4. 熟知回报、记录程序 5. 分别考核观测者和记录者				
工具、材料、设备场地	1. 水准仪 1 套 2. 2H 或 3H 铅笔 1 支 3. 记录表格 1 张，见表 F-2 4. 需扶尺员 2 人 5. 校园实训基地				

	序号	步骤名称	质量要求	满分	评分标准	扣分原因	得分
评分标准	1. 开工前的准备	1.1 工器具及材料准备	按时领取仪器设备，遵守实训室规章制度，表格、铅笔准备齐全	10	作业工器具、材料等每缺一项扣 5 分，直至扣完		
	2. 工作执行情况	2.1 仪器架设	仪器架设正确	20	观测程序错误一项 5 分		
		2.2 望远镜瞄准	望远镜操作及瞄准操作正确	25	错误一处扣 5 分		
		2.3 读数	读数正确	20	错误一处扣 5 分		
		2.4 回报及记录计算	应回报，记录对于相应表格栏、数据满足要求	15	错误一处扣 2 分		
	3. 收工	3.1 提交成果	在规定时间内	10	成果错误扣 10 分		
考评员（签字）				总分			

表 F-2　二等水准测量观测记录手簿

测自：_____　_____年____月____日　观测者：_____

时刻 始：_____　天气：_____　记录者：_____

末：_____　成像：_____　检查者：_____

测站编号	后尺	下丝上丝	前尺	下丝上丝	方向及尺号	标尺读数		K+基减辅	备注
	后　视		前　视			基本分划（一次）	辅助分划（二次）		
	视距差 d		∑d						
					后				
					前				
					后-前				
					h				
					后				
					前				
					后-前				
					h				
					后				
					前				
					后-前				
					h				
					后				
					前				
					后-前				
					h				
					后				
					前				
					后-前				
					h				
					后				
					前				
					后-前				
					h				

附录 G

水准仪 i 角检验考核相关表

表 G-1　水准仪 i 角检验考评评分细则

专业：<u>工程技术</u>　　　工种：<u>测量员</u>　　　等级：<u>二级</u>　　　姓名：_____

编号	GCCL1008	行业领域	c	签订范围	测量二年级
考核时限	30min	题型	B	题分	100
开始时间		结束时间		得分	
试题名称	水准仪 i 角检验				
需要说明的问题和要求	1. 熟知水准仪的安置、瞄准、读数 2. 熟知水准检验程序 3. 熟知检验测量记录、计算、限差 4. 配合人员 3 人（扶尺员 2 人；记录员 1 人） 5. 检验方法自选、记录表格自备（但需绘制略图）				
工具、材料、设备场地	1. 水准仪 1 台、水准尺 1 对、尺垫 1 对 2. 铅笔 2H 或 3H 1 支 3. 记录纸若干 4. 校园实训基地				

	序号	步骤名称	质量要求	满分	评分标准	扣分原因	得分
评分标准	1. 开工前的准备	1.1 工器具及材料准备	工器具、材料准备齐全	15	作业工器具、材料等每缺一项扣 5 分，直至扣完		
	2. 工作执行情况	2.1 观测程序	观测程序正确	40	观测程序错误一项扣 5 分		
		2.2 记录计算情况	原始记录及基本计算正确	20	错误一处扣 2 分		
		2.3 计算 i 角并判断仪器是否校正	i 角计算正确，判断符合规范	15	错误扣 10 分		
	3. 收工	3.1 提交成果	在规定时间内	10	成果错误扣 10 分		
考评员（签字）						总分	

表 G-2 计算 i 角误差检测

日期：____年____月____日   观测者：_____

检测仪器：_____   编号：_____   记录者：_____

成像：_____   检查者：_____

测站	观测次序	标尺读数		高差	i 角计算
		A 尺读数	B 尺读数		
中	1				
	2				
	3				
	4				
	中数				
边	1				
	2				
	3				
	4				
	中数				
观测略图					
评定					

附录 H

竖直角观测及计算考核相关表

表 H-1　竖直角观测及计算考评评分细则

专业：<u>工程技术</u>　　　工种：<u>测量员</u>　　　等级：<u>二级</u>　　　姓名：_____

编号	GCCL1009	行业领域	c	签订范围	测量二年级
考核时限	45min	题型	B	题分	100
开始时间		结束时间		得分	
试题名称	竖直角观测及计算				
需要说明的问题和要求	1. 1 测回，四方向 2. 使用 J_6 经纬仪或同等级精度的全站仪 3. 熟知竖直角观测、记录、限差 4. 使用计算器或手工计算均可 5. 每 2 人一组；记录见表 H-2 6. 分别考核观测记录计算				
工具、材料、设备场地	1. J_6 经纬仪或同等精度的全站仪 2. 铅笔 2H 或 3H 1 支 3. 记录纸若干 4. 观测标志 4 个 5. 计算器 1 个 6. 校园实训基地				

	序号	步骤名称	质量要求	满分	评分标准	扣分原因	得分
评分标准	1. 开工前的准备	1.1 工器具及材料准备	工器具、材料准备齐全	15	作业工器具、材料等每缺一项扣 5 分，直至扣完		
	2. 工作执行情况	2.1 观测程序	观测程序正确	40	观测程序错误一项扣 5 分		
		2.2 记录计算情况	原始记录及基本计算正确	20	错误一处扣 2 分		
		2.3 计算竖直角、指标差	竖直角、指标差、指标差互差计算正确	15	错误一处扣 5 分		
	3. 收工	3.1 提交成果	在规定时间内	10	成果错误扣 10 分		
考评员（签字）				总分			

表 H-2 竖直角观测记录手簿

点名：_____ 等级：_____ 仪器：_____ 编号：_____

天气：_____ ___年___月___日 开始：___时___分 结束：___时___分

成像：_____ 仪器至标石高：_____ 观测者：_____ 记录者：_____

瞄准点 名照准部位	度盘读数		指标差	竖直角	备注
	盘左	盘右			
	(°) (′) (″)	(°) (′) (″)			

附录 I

三角高程导线测量考核相关表

表 I-1　三角高程导线测量考评评分细则

专业：**工程技术**　　工种：**测量员**　　等级：**二级**　　姓名：_____

编号	GCCL1010	行业领域	c	签订范围	测量二年级
考核时限	45min	题型	A	题分	100
开始时间		结束时间		得分	

试题名称	三角高程导线测量
需要说明的问题和要求	1. 熟知竖直角观测、记录、限差；竖直角观测一测回 2. 熟悉三角高程观测原理 3. 熟知仪器高、标高量取方法 4. 在已知导线上观测各三角高程元素 5. 组成四边形闭合三角高程路线
工具、材料、设备场地	1. J₆ 经纬仪 1 台 2. 铅笔 2H 或 3H 1 支；记录见表 I-2 3. 对中杆 2 个 4. 计算器 1 个

	序号	步骤名称	质量要求	满分	评分标准	扣分原因	得分
评分标准	1. 开工前的准备	1.1 工器具及材料准备	工器具、材料准备齐全	15	作业工器具、材料等每缺一项扣 5 分，直至扣完		
	2. 工作执行情况	2.1 竖直角观测	观测程序正确	20	观测程序错误一项扣 5 分		
		2.2 仪器高、标高量取	量取方法正确	20	错误一处扣 2 分		
		2.3 记录计算	记录及基本计算正确	15	错误一处扣 5 分		
		2.4 高程计算	计算正确	20	错误一处扣 5 分		
	3. 收工	3.1 提交成果	在规定时间内	10	成果错误扣 10 分		
考评员（签字）				总分			

表 I-2　三角高程测量记录表

日期：＿＿＿年＿＿＿月＿＿＿日　　仪器：＿＿＿＿＿＿　　编号：＿＿＿＿＿＿　　成像：＿＿＿＿＿＿

观测者：＿＿＿＿＿＿　　　　　记录者：＿＿＿＿＿＿　　计算者：＿＿＿＿＿＿

测段	距离读数值	竖盘读数		指标差	竖直角	仪器高	棱镜高	高差
		盘左	盘右					

学 习 笔 记

学 习 笔 记

学 习 笔 记

学 习 笔 记

学 习 笔 记